Gutachten des Reichs-Gesundheitsrats über den Einfluß der Ableitung von Abwässern aus der Chlorkalium- und Sulfatfabrik der Gewerkschaft Rastenberg in Rastenberg i. Thüringen auf die Ilm, Lossa und Saale.

Berichterstatter: Geheimer Medizinalrat Professor **Dr. Fränken,** Halle.

Mitberichterstatter: Geheimer Ober-Baurat **Dr.-Ing. Keller,** Berlin und

Regierungsrat Professor **Dr. Spitta,** Berlin.

(Hierzu Tafel XXII.)

Sonderabdruck

aus

„Arbeiten aus dem Kaiserlichen Gesundheitsamte"
Band XLIV, Heft 4, 1913

Ausgegeben im Juni 1913.

Springer-Verlag Berlin Heidelberg GmbH

ISBN 978-3-662-23583-6   ISBN 978-3-662-25662-6 (eBook)
DOI 10.1007/978-3-662-25662-6

Reprint of the original edition 1913

Gutachten des Reichs-Gesundheitsrats über den Einfluß der Ableitung von Abwässern aus der Chlorkalium- und Sulfatfabrik der Gewerkschaft Rastenberg in Rastenberg i. Thüringen auf die Ilm, Lossa und Saale.

Berichterstatter: Geheimer Medizinalrat Professor **Dr. Fränken,** Halle.

Mitberichterstatter: Geheimer Ober-Baurat **Dr.-Ing. Keller,** Berlin und

Regierungsrat Professor **Dr. Spitta,** Berlin.

(Hierzu Tafel XXII.)

Inhalt: 1. Einleitung (Allgemeine Verhältnisse). 2. Ortsbesichtigung, Art und Umfang des Fabrikationsbetriebs. 3. Die erhobenen Einsprüche gegen die Errichtung der Chlorkaliumfabrik Rastenberg und die bisher in dieser Angelegenheit erstatteten Gutachten. 4. Die chemische Zusammensetzung des Wassers der Ilm, Lossa, Unstrut und Saale nach den vorliegenden Untersuchungen und nach den Erhebungen der Berichterstatter. 5. Die Wasserführung der Saale, Ilm, Unstrut und Lossa. 6. Die Versalzung in Ilm und Saale bei voller Ausnutzung der an die Gewerkschaft Rastenberg vorläufig erteilten Konzession. 7. Die aus dem Betriebe der Chlorkalium- und Sulfatfabrik Rastenberg entstehende Versalzung der Wasserläufe und die Maßnahmen zur Verhütung von Mißständen. Schlußsätze. Tabellenanlagen I—IV. Abbildungen 1—4 (Anlagen V und VI). Geographische Übersichtskarte (Tafel).

Der Reichs-Gesundheitsrat (Unterausschuß für Beseitigung der Abfallstoffe usw.) hat in der Sitzung vom 28. Juni 1912 den Entwurf des über die vorliegende Angelegenheit zu erstattenden Gutachtens beraten.

An dieser Sitzung nahmen, außer Kommissaren der beteiligten Bundesregierungen, teil die nachbezeichneten Mitglieder des Reichs-Gesundheitsrates: Dr. Bumm, Präsident des Kaiserlichen Gesundheitsamtes, als Vorsitzender; Dr. Barnick, Frankfurt a. O.; Dr. Beckurts, Braunschweig; Dr. Beyschlag, Berlin; Dr. von Buchka, Berlin; Dr. Fränken, Halle a. S.; Dr. Gärtner, Jena; Dr. Greiff, Karlsruhe; Dr.-Ing. Keller, Berlin; Dr. Kerp, Berlin; Dr. K. B. Lehmann, Würzburg; Dr. Dr.-Ing. Lepsius, Berlin; Dr. Löffler, Greifswald; Dr. A. Orth, Berlin; Dr. Renk, Dresden; Dr. Scheurlen, Stuttgart; Dr. Tjaden, Bremen.

Ferner:

Brückner, Calbe a. S.; Dr. Herzfeld, Berlin; Dr. Hofer, München; Dr. Dr.-Ing. Precht, Neustaßfurt; Dr. Spitta, Berlin; Dr. C. A. Weber, Bremen.

Das Gutachten wurde in der nachstehenden Fassung abgegeben.

I. Einleitung (Allgemeine Verhältnisse).

Der Bezirksausschuß des II. Verwaltungsbezirkes des Großherzogtums Sachsen hat unter dem 29. Dezember 1908 beschlossen, der Gewerkschaft Rastenberg in Rastenberg i. Thüringen die nachgesuchte Genehmigung zur Errichtung einer Chlorkalium- und Sulfatfabrik auf ihrem im Stadtforst von Rastenberg belegenen Grundstück und zur Ableitung der Endlaugen dieser Fabrik in die Ilm und in die Lossa unter bestimmten Bedingungen zu erteilen und die erhobenen Einsprüche teils als verspätet, teils als sachlich unbegründet zurückzuweisen.

Von den in diesem Beschluß auferlegten Bedingungen sind folgende von Wichtigkeit:

Die Antragstellerin soll verpflichtet sein, Sammelbecken zur Aufspeicherung der Endlaugen in ausreichender Größe und Zahl herzustellen, die so eingerichtet sind, daß ein Versickern des Inhalts ausgeschlossen ist.

Die Einleitung der Endlaugen in die Ilm darf nur in dem Maße erfolgen, daß der Chlorgehalt des Wassers an der Kontrollstation (welche an eine vom Großherzoglichen Bezirksdirektor zu bestimmende Stelle, an der die Endlaugen sich hinreichend mit dem Ilmwasser vermischt haben, zu verlegen ist) 450 mg im Liter nicht übersteigt, womit, wie angegeben wird, eine Verhärtung des Ilmwassers nicht über 65^0 gewährleistet ist. Die Einleitung erfolgt oberhalb der Pochenbrücke bei Mattstedt. Die Endlaugen dürfen nur geklärt, gekühlt und nicht stoßweise in die Ilm geleitet werden. Sollte sich ergeben, daß durch die Mischdüsen die Endlaugen nicht in gehöriger Weise mit dem Ilmwasser vermischt werden, so ist der Großherzogliche Bezirksdirektor befugt, vorzuschreiben, daß die Endlaugen so stark mit Wasser vor der Einleitung verdünnt werden, daß ihr spezifisches Gewicht 1,1 beträgt. Die tatsächlich erzielte Verdünnung ist in diesem Falle durch ein selbstregistrierendes Aräometer festzustellen. Außerdem ist dafür Sorge zu tragen, daß durch geeignete selbstregistrierende Apparate dauernd eine für jede Tageszeit genaue Feststellung der abgeleiteten Endlaugenmengen erfolgt. Es muß dauernd eine gute Vermischung der Endlauge mit dem Ilmwasser erzielt werden.

Die Einleitung der Endlaugen in die Lossa darf nur in dem Maße erfolgen, daß der Chlorgehalt des Wassers an der Kontrollstation (welche, wie bei der Ilm vorgesehen, anzulegen ist), 400 mg im Liter nicht übersteigt, womit, wie angegeben wird, eine Verhärtung des Lossawassers nicht über 55^0 gewährleistet ist. Die Einleitung erfolgt unmittelbar unterhalb der Brücke über die Lossa im Ortsverbindungsweg von Mannstedt nach Buttstedt. Die Endlaugen sind vor der Einleitung auf das spezifische Gewicht von 1,1 zu verdünnen. Außerdem ist im wesentlichen wie an der Ilm zu verfahren. Die Endlaugen dürfen nur dann in die Flüsse geleitet werden, wenn sie neutral sind und kein freies Chlor oder Brom enthalten.

Die regelmäßige tägliche Kontrolle an den Kontroll- und Pegelstationen geschieht durch zuverlässige, von der Unternehmerin zu bestellende Personen, die vom Großherzoglichen Bezirksdirektor auf die getreue Erfüllung ihrer Pflichten zu vereidigen sind.

Außerdem finden Oberkontrollen durch vom Großherzoglichen Bezirksdirektor zu beauftragende Sachverständige (bis auf weiteres durch die agrikulturchemische Abteilung der landwirtschaftlichen Versuchsstation der Universität Jena) statt.

Die Ergebnisse der regelmäßigen Kontrollen sind von den vereidigten Kontrolleuren täglich in ein Kontrollbuch einzutragen. Dieses Buch ist dem Großherzoglichen Bezirksdirektor und den in seinem Auftrage kontrollierenden Personen jederzeit auf Verlangen vorzuzeigen.

Die Unternehmerin hat die täglich verarbeiteten Rohcarnallitmengen, ferner die Kieserit- und Sulfatproduktion aufzuzeichnen und hierüber regelmäßige vertraulich zu behandelnde Nachweise zu erbringen. Der Erlaß weiterer Vorschriften bleibt im Bedarfsfall vorbehalten. Insbesondere kann vorgeschrieben werden, daß keine Endlaugen in die Ilm bezw. Lossa eingeleitet werden dürfen oder daß der Höchstgehalt des Ilm- und Lossawassers an Chlor niedriger festgesetzt wird als oben angegeben.

Durch die Genehmigung erhält die Unternehmerin keinen Anspruch auf das alleinige ausschließliche Recht zur Ableitung der Endlaugen in die Ilm und die Lossa; sie muß sich vielmehr gefallen lassen, daß später ein solches Recht andern Unternehmern zugesprochen und dadurch die Menge der von ihr einzuleitenden Endlaugen verringert wird.

Gegen diesen Beschluß des Bezirksausschusses haben der Magistrat der Stadt Magdeburg und der Königlich Preußische Landrat des Kreises Eckartsberga in Cölleda Rekurs eingelegt; im Anschluß an den letzteren hat der Königlich Preußische Minister für Handel und Gewerbe beantragt, der Gewerkschaft die Einleitung von Endlaugen in die Lossa überhaupt nicht zu erlauben und die Verhärtung der Ilm nur bis 45⁰ zu gestatten, andernfalls aber, vor Erlaß der endgültigen Rekursentscheidung, gemäß dem Bundesratsbeschlusse vom 25. April 1901 eine gutachtliche Äußerung des Reichs-Gesundheitsrats darüber herbeizuführen, welche Grenzen bei der Verunreinigung der Ilm und der Lossa durch Chlorkaliumendlaugen im gesundheits- und veterinärpolizeilichen Interesse einzuhalten sind.

Mit letzterem Antrage hat das Großherzoglich Sächsische Staatsministerium sich einverstanden erklärt, jedoch als Rekursinstanz unter dem 2. Juni 1909 vorläufig die Genehmigung zur Errichtung und dem Betriebe der Chlorkalium- und Sulfatfabrik sowie zur Ableitung der Endlaugen dieser Fabrik in die Ilm unter den vom Bezirksausschuß gestellten, oben im Auszuge wiedergegebenen Bedingungen erteilt. Es ist jedoch bei dieser Genehmigung der Vorbehalt gemacht worden, daß je nach dem Ausfall des beantragten Gutachtens des Reichs-Gesundheitsrats die Ableitung der Endlaugen eingeschränkt oder ganz untersagt werden kann. Ferner wird die Entscheidung über die Frage der Zulassung der Einleitung von Endlaugen in die Lossa überhaupt bis nach Eingang des Gutachtens des Reichs-Gesundheitsrats ausgesetzt.

Für das vom Reichs-Gesundheitsrate zu erstattende Gutachten wurde von dem Vorsitzenden dieser Körperschaft bestellt als Berichterstatter der Direktor des Hygienischen Instituts und ordentlicher Professor an der Universität Halle a. S., Geheimer Medizinalrat Dr. C. Fränken, als Mitberichterstatter der Geheime Ober-Baurat und vortragende Rat im Königlich Preußischen Ministerium der öffentlichen Arbeiten, Leiter der Landesanstalt für Gewässerkunde Dr.-Ing. Keller und das Mitglied des Kaiserlichen Gesundheitsamts Regierungsrat Professor Dr. Spitta.

2. Ortsbesichtigungen, Art und Umfang des Fabrikationsbetriebs.

Die erste orientierende Ortsbesichtigung konnte der Witterungsverhältnisse halber erst in der Zeit vom 18.—19. März 1910 ausgeführt werden.

Es nahmen daran teil außer den Berichterstattern Vertreter des Kaiserlichen Gesundheitsamts, der Königlich Preußischen und der Großherzoglich Sächsischen Regierung, unter anderen der Vorsteher der agrikulturchemischen Abteilung der landwirtschaftlichen Versuchsstation an der Universität Jena Professor Dr. Immendorff. Auch die Gewerkschaft Rastenberg war durch ein Mitglied ihres Direktoriums vertreten.

Es wurde zunächst die Einleitungsstelle der Endlaugen in die Ilm bei Mattstedt besichtigt und dann die Strecke längs der Ilm unter besonderer Berücksichtigung derjenigen Ortschaften, aus welchen Einsprüche gegen die der Gewerkschaft Rastenberg erteilte Konzession vorlagen, in Augenschein genommen. In Wickerstedt, wo von einer zunehmenden Flußversalzung auch eine Versalzung der Brunnen befürchtet wird, wurde je eine Wasserprobe aus dem Gemeindebrunnen und der vorüberfließenden Ilm entnommen, um festzustellen, ob ein Zusammenhang zwischen Flußwasser und Grundwasser besteht; in Obertreba und Darnstedt wurde gleichfalls die Wasserversorgung in Augenschein genommen. Bei Bad Sulza wurde das Wasser der Ilm oberhalb und unterhalb der Salzsiedereien untersucht, um etwa von hier ausgehende weitere Versalzungen feststellen zu können. Schließlich wurde bei Großheringen ermittelt, welche Beschaffenheit hier an der Mündung der Ilm in die Saale das Wasser beider Flüsse hatte.

Über Auerstedt und Buttstedt begaben sich sodann die Teilnehmer an der Besichtigung nach der geplanten Einleitungsstelle der Rastenberger Abwässer in die Lossa bei Mannstedt. Auch aus der Lossa wurden Wasserproben entnommen. Am nächsten Tage wurde die Besichtigung entlang der Lossa fortgesetzt, wobei die Ortschaften Groß-Neuhausen und Leubingen berührt wurden. Hier vereinigt sich (in der Nähe des Ortes) die Lossa mit der Unstrut. Aus beiden Wasserläufen wurden Proben geschöpft. Der Lauf der Unstrut wurde dann weiter über Etzleben und Gorsleben verfolgt, und schließlich bei Sachsenburg vor der Mündung der Wipper in die Unstrut aus ersterer eine Wasserprobe geschöpft, um sich über den Salzgehalt dieses reichlich Kalifabrikabwässer führenden Flüßchens zu unterrichten.

Auch eine Ausmessung des Profils der Ilm bei Mattstedt sowie eine Messung der Wasserführung an dieser Stelle fand statt.

Nach dieser orientierenden Ortsbesichtigung gelangten die Berichterstatter zu der übereinstimmenden Auffassung, daß eine zweite Besichtigung und nochmalige Untersuchung sich empfehle, diese aber erst zu einem Zeitpunkt ratsam seien, zu welchem die Gewerkschaft Rastenberg ihren Betrieb ordnungsmäßig aufgenommen hat, denn erst dann werde es möglich sein, über Art und Menge der zum Abfluß gelangenden Abwässer und ihren Einfluß auf die Vorflut sich ein klares Bild zu machen.

Gewiß läßt sich rein rechnerisch, wenn der Salzgehalt der Vorflut oberhalb der Einleitungsstelle und die Wasserführung des Vorfluters bekannt ist, annähernd feststellen, welche Versalzung voraussichtlich eintreten wird, wenn eine gleichmäßige Einleitung von Chlorkaliumfabrikabwässern von bekannter Zusammensetzung und Menge stattfindet. Aber es lehrt die praktische Erfahrung häufig, daß derartige Berechnungen sich mit den tatsächlichen Verhältnissen nicht immer decken; deshalb verdient es den Vorzug, den Zustand der Vorflut so festzustellen, wie er sich bei dem plangemäß erfolgenden vollen Fabrikationsbetriebe ergibt.

Wenn im vorliegenden Falle trotzdem lediglich auf die rechnerische Behandlung zurückgegriffen werden mußte, so waren dafür folgende Gründe entscheidend.

Nach Mitteilung des Großherzoglich Sächsischen Staatsministeriums vom 11. Juni 1910 war die Chlorkaliumfabrik Rastenberg um diese Zeit seit kurzem im Betriebe. Die Verarbeitung des Carnallits war in beschränktem Umfang — 750 dz täglich — aufgenommen worden, die Sulfatfabrik noch nicht im Betriebe. Ablaugen wurden seit dem 30. Mai 1910 hin und wieder, aber nur in ganz geringen Mengen abgeleitet, da die ersten Laugen zur Herstellung der Löselauge usw. verwendet wurden. Der Endlaugenkanal war nach Meinung der Fabrikleitung um diese Zeit noch nicht einmal gefüllt und es würde voraussichtlich noch einige Zeit vergehen, bis die erste Endlauge die Ilm erreicht hätte.

Nach einer weiteren Mitteilung des Großherzoglich Sächsischen Staatsministeriums vom 12. August 1910 war an diesem Termine die Endlaugenleitung der Chlorkaliumfabrik noch nicht in vollem Betriebe. Es würde sich daher, wie in der bezeichneten Mitteilung bemerkt war, empfehlen, die Besichtigung der Chlorkaliumfabrik Rastenberg nicht vor November 1910 stattfinden zu lassen. Auf eine Anfrage des Vorsitzenden des Reichs-Gesundheitsrats vom 28. November 1910 erwiderte das Großherzoglich Sächsische Staatsministerium unter dem 3. Dezember 1910, daß der Betrieb der Chlorkaliumfabrik in Rastenberg nur erst in kleinem Umfang stattfände. Der volle Betrieb könne noch nicht aufgenommen werden, da die Kläranlagen noch nicht fertiggestellt seien, und sich die Mischdüse bei der Endlaugeneinleitung in die Ilm wenig bewährt habe; über ihren Ersatz durch eine andere Konstruktion schwebten noch Verhandlungen.

Eine weitere Mitteilung des Großherzoglich Sächsischen Staatsministeriums vom 10. Januar 1911 besagte, daß man die Errichtung eines Sammelbassins für die Endlaugen von 5000 cbm trotz Widerspruchs der Gewerkschaft angeordnet habe. Die Fertigstellung sei im Herbste 1911 zu erwarten, dann solle auch die Abnahme der Endlaugenableitung erfolgen. Vorher habe nach Ansicht einvernommener Sachverständiger (Professor Dr. Immendorff und Bergrat Reinicke) eine Besichtigung der Fabrik durch Mitglieder des Reichs-Gesundheitsrats keinen Zweck. Der Weiterbetrieb der Fabrik in der bisherigen Weise (Verarbeitung von höchstens 4000 dz Rohsalz täglich) werde nicht beanstandet, so lange nicht eine erhebliche Verminderung der Wasserführung der Ilm einträte.

Indessen wurde es für ratsam erachtet, im Frühjahr 1911 eine neue Untersuchung der Vorflut vorzunehmen und dabei besonders die an der Saale herrschenden Versalzungsverhältnisse festzustellen. Bei dieser Gelegenheit wurde auch der Chlorkalium-fabrik Rastenberg ein erstmaliger Besuch abgestattet.

An dieser Bereisung, welche am 18., 19. und 20. Mai 1911 ausgeführt wurde, nahmen wiederum wie bei der ersten Besichtigung außer den Berichterstattern (der erste Mitberichterstatter Geheimer Ober-Baurat Dr.-Ing. Keller war an der Teilnahme verhindert) Vertreter der beteiligten Reichs- und preußischen sowie Großherzoglich Sächsischen Behörden teil. Die Führung in der Fabrik übernahm ein Mitglied des Direktoriums.

Bei der Besichtigung der Chlorkaliumfabrik Rastenberg am 18. Mai 1911 wurde festgestellt, daß die Fabrikation etwa im halben Umfange des beabsichtigten späteren Betriebs im Gange war, daß aber die Erbauung des Aufhaltebeckens von 5000 cbm Inhalt noch nicht in Angriff genommen war; auch waren die Verbesserungen an der Abflußvorrichtung bei Mattstedt noch nicht vorgenommen.

Am 19. und 20. Mai 1911 fand eine Befahrung der Saale von Camburg bis Merseburg statt. Dabei wurde jedoch, da das Wehr bei Kösen nicht passierbar war, die Strecke Kösen-Naumburg, auf welcher die Saale keine Zuflüsse von Bedeutung erhält, von der Befahrung ausgenommen.

Es wurden bei ziemlich hohem Wasserstande Wasserproben entnommen aus der Saale, der Ilm und der Unstrut.

Seitens der Chlorkaliumfabrik Rastenberg wurden Abwässerproben dem Gesund-heitsamte zur Untersuchung eingesandt.

Auf eine Anfrage des Herrn Staatssekretärs des Innern über den Stand der Bau-arbeiten in der Fabrik teilte das Großherzoglich Sächsische Staatsministerium unter dem 26. Juli 1911 mit, daß die Gewerkschaft sich jetzt bereit erklärt hätte, statt eines Aufhaltebeckens von 5000 cbm Inhalt ein solches von 12000 cbm Inhalt zu bauen. Die Fertigstellung dieses Beckens sowie des Abflußregulators, beide nach dem Entwurfe des Professors Hotopp, sei in 3—4 Monaten zu erwarten und es wäre zweckmäßig und wünschenswert, wenn das Gutachten des Reichs-Gesundheitsrats bis nach Durch-führung der bezeichneten Maßnahmen aufgeschoben werden könnte.

Um die Zeit des Niederwassers im Flußgebiete der Saale noch auszunutzen, wurde am 10. Oktober 1911 eine nochmalige Untersuchung von Saale, Ilm und Unstrut vorgenommen, an welcher außer den Berichterstattern (der zweite Mitberichterstatter Dr. Spitta war verhindert) wiederum Vertreter der bereits bei den vorausgegangenen Besichtigungen beteiligt gewesenen Behörden teilnahmen.

Es wurden Wasserproben aus der Ilm und aus der Saale oberhalb und unterhalb der Ilm entnommen und dann von Naumburg aus mit dem fiskalischen Dampfer des Kgl. Wasserbauamts Naumburg die Unstrutmündung und die Saale von Naumburg bis Weißenfels befahren. In Weißenfels mußte die Fahrt beendigt werden, da es bei dem niedrigen Wasserstande der Saale nicht möglich war, über die seichten Stellen des Flusses unterhalb Weißenfels mit dem Dampfer hinweg zu kommen.

Während der Befahrung wurden aus Unstrut und Saale Wasserproben für die Untersuchung geschöpft.

Am Tage vorher hatten die Berichterstatter noch einmal die Chlorkaliumfabrik Rastenberg besichtigt, um sich über den Stand der Bauarbeiten zu unterrichten. Dabei wurden überraschenderweise ganz veränderte Verhältnisse angetroffen. Die Arbeiten zur Ausschachtung eines Aufhaltebeckens waren noch nicht in Angriff genommen, dagegen war die ganze Fabrik im Umbau begriffen.

Die Verarbeitung von Carnallit war auf 2000 dz täglich herabgemindert, auf Kieserit wurde überhaupt nicht verarbeitet. Nach vollendetem Umbau der Fabrik soll, nach Angabe des Fabrikdirektors, Kieserit nach dem Wittgenschen Verfahren gewonnen werden, ein Verfahren, bei welchem die auf Kieserit zu verarbeitenden Rückstände der Carnallitfabrikation mit stark kochsalzhaltigen Laugen behandelt werden. Das Kochsalz der Rückstände bleibt dann ungelöst und wird in den Schacht zurückgegeben. Kochsalzhaltige Kieseritwaschwässer sollen dann in Zukunft fortfallen.

Der gewonnene Blockkieserit soll an Ort und Stelle zu Kaliumsulfat verarbeitet werden. Die dabei entstehenden Endlaugen würden hauptsächlich Magnesiumchlorid enthalten.

Da auf diese Weise die Abwassermengen voraussichtlich vermindert werden, soll die Größe des an der Einmündungsstelle der Endlaugen bei Mattstedt zu bauenden Aufhaltebeckens nicht 12000, sondern nunmehr wieder, wie früher geplant war, nur 5000 cbm Fassungsraum erhalten. Es ist beabsichtigt, den Hotoppschen Abflußregulator ebenfalls bei Mattstedt zu errichten.

Alle Um- und Neubauten sollten nach der damaligen Angabe des Fabrikdirektors spätestens in einem halben Jahre beendet sein.

Die ständigen Änderungen der Betriebseinrichtungen und des Betriebs selbst auf der einen Seite und der Umstand andrerseits, daß der Königlich Preußische Herr Minister für Handel und Gewerbe wiederholt den Wunsch nach Beschleunigung des vom Reichs-Gesundheitsrat zu erstattenden Gutachtens zu erkennen gegeben hat, ließ es geboten erscheinen, die Begutachtung nunmehr nicht länger aufzuschieben. Allerdings kann bei dieser Sachlage nur so verfahren werden, daß die der Gewerkschaft Rastenberg seitens der Großherzoglich Sächsischen Regierung vorläufig erteilte Konzession, wonach das Wasser der Ilm durch die Abwässer der Fabrik bis auf 450 mg Chlor im Liter versalzen werden darf, zum Ausgangspunkt und zur Grundlage des Gutachtens gemacht und daß geprüft wird, ob und inwieweit bei Ausnutzung dieser Konzession Schädigungen an der unmittelbaren Vorflut sowie weiter abwärts an der Saale zu erwarten sein werden.

3. Die erhobenen Einsprüche gegen die Errichtung der Chlorkaliumfabrik Rastenberg und die bisher in dieser Angelegenheit erstatteten Gutachten.

Die gegen die Errichtung der Chlorkaliumfabrik in Rastenberg erhobenen Einsprüche sind zunächst von den Anliegern der Ilm und der Lossa, sodann aber vom Landrat des Kreises Eckartsberga und von der Stadt Magdeburg ausgegangen.

Die von den Anliegern der Ilm geäußerten Bedenken beruhen auf folgenden Befürchtungen:

Durch die Einleitung der Endlaugen aus der Chlorkaliumfabrik Rastenberg wird das Wasser der Ilm unbrauchbar oder minder brauchbar

1. zu Trinkzwecken (mittelbar kann auch die Beschaffenheit des Wassers der nahe der Ilm gelegenen Brunnen nachteilig beeinflußt werden).

Bedenken dieser Art sind geäußert vom Gemeindevorstand von Wickerstedt.

2. für wirtschaftliche Zwecke. Einsprüche dieserhalb liegen vor aus Wickerstedt, Obertrebra und Eberstedt.

3. zu Tränkzwecken für Rinder, Schafe, Pferde, Gänse.

Einspruch dieserhalb haben ebenfalls die Gemeinden Wickerstedt, Obertrebra und Eberstedt erhoben.

4. als Fischwasser.

Schädigungen der Fischerei werden von Einwohnern in Mattstedt, Wickerstedt, Obertrebra, Eberstedt und Niedertrebra befürchtet.

Sehr zahlreich sind die Einsprüche, welche von Anliegern der Lossa gegen eine Einleitung von Endlaugen in dieses Flüßchen erhoben worden sind. Die Begründungen sind im wesentlichen die gleichen wie die von den Anwohnern der Ilm angeführten. Zu 1 werden allerdings von den Lossaanwohnern keine Befürchtungen geäußert. Einige Mühlenbesitzer in Rastenberg besorgen, daß durch einen bei der Fabrik anzulegenden Brunnen der Lossa zu viel Wasser entzogen werden könne. Zu 2 liegen dagegen Einwendungen aus den Gemeinden Rastenberg, Hardisleben, Kleinneuhausen, Frohndorf, Stödten, Leubingen, Griefstedt, Büchel, Etzleben und Gorsleben vor. Zu 3 sind Einsprüche erhoben aus Rastenberg, Hardisleben, Großneuhausen, Frohndorf und den übrigen vorstehend genannten Orten. Aus den gleichen Ortschaften werden Besorgnisse dahingehend geäußert, daß durch die Einleitung von Endlaugen in die Lossa der Fischbestand geschädigt werden könnte. Schließlich glauben einige Lossaanwohner auch für ihre Gärten und die Landwirtschaft fürchten zu müssen, wenn sie das durch Endlaugen versalzene Wasser zu Berieselungszwecken verwenden. Beschwerden dieserhalb liegen vor aus Frohndorf, Stödten, Leubingen, Griefstedt, Büchel, Etzleben und Gorsleben.

Alle diese Einwände sind vom Bezirksausschuß des II. Verwaltungsbezirkes zu Apolda als sachlich unbegründet zurückgewiesen worden, und zwar hat sich der Bezirksausschuß bei der Beurteilung dieser Beschwerden hauptsächlich auf ein von dem Direktor des agrikultur-chemischen Laboratoriums, Hofrat Professor Dr. H. Immendorff im November 1908 abgegebenes „Gutachten, betreffend die von der Gewerkschaft Rastenberg in Rastenberg in Thüringen in Aussicht genommene Ableitung der Endlaugen einer Chlorkaliumfabrik in die Ilm und in die Lossa" gestützt. Das Gutachten ist im Auftrag des Großherzoglich Sächsischen Direktors des II. Verwaltungsbezirkes erstattet worden. Dieses Gutachten nimmt seinerseits wieder Bezug auf ein „Gutachten, betreffend Abwässerung der Chlorkaliumfabrik der Gewerkschaft Rastenberg in die Ilm", welches Professor Dr. J. H. Vogel-Berlin unter dem 30. November 1907 im Auftrag der Gewerkschaft Rastenberg erstattet hat.

Die Schlüsse, zu welchen diese Gutachten kommen, sind im wesentlichen folgende:

Nach Vogel sind alle gegen die Genehmigung des Fabrikationsbetriebs erhobenen Bedenken hinfällig und es werden weder die Interessen dritter, noch öffentliche Interessen, jedenfalls nicht in erheblicher Art verletzt, wenn, entsprechend dem Antrage der Gewerkschaft Rastenberg, eine Verhärtung des Ilmwassers durch die Endlaugen bis auf 60° gestattet wird. Er schlägt aber vor, die höchstzulässige Verhärtung in anderer Weise festzusetzen, nämlich der Gewerkschaft zu gestatten, der Ilm soviel Endlaugen zuzuleiten, daß dadurch höchstens eine Vermehrung der Härte um 30° über den natürlichen Härtegehalt hinaus bewirkt wird. Es ist dieser Vorschlag demjenigen nachgebildet, welchen der Reichs-Gesundheitsrat hinsichtlich der zulässigen Verhärtung der Schunter, Oker und Aller gemacht hat.

Eine Festlegung einer Höchstgrenze für den Gehalt an Chlor hält Vogel nicht für geboten. Wolle man nach dieser Richtung Vorschriften erlassen, so möge man, wie er bemerkt, eine Erhöhung des natürlichen Chlorgehalts des Ilmwassers um höchstens 400 mg im Liter zulassen.

Die natürliche Härte des Ilmwassers ergab sich nach Vogels Untersuchungen zu 17—41 deutschen Härtegraden. Immendorff legt, abweichend von Vogel, das Hauptgewicht auf die Festlegung eines Höchstgehalts an Chlor und schlägt vor, bei der Konzessionserteilung ganz von der Vorschrift einer Verhärtungsgrenze abzusehen. Er nimmt den natürlichen Chlorgehalt des Ilmwassers im Mittel auf 50 mg Chlor im Liter an[1]), die natürliche Härte auf 30 deutsche Grade.

Wählt man nach dem Vorgang des Reichs-Gesundheitsrats an der Schunter, Oker und Aller einen Zuschlag zur natürlichen Versalzung der Ilm von 350—400 mg Chlor, bzw. 30—35° Härte als Höchstgrenze, so würde sich ein Salzgehalt von 400—450 mg Chlor, bzw. 60—65° Härte ergeben. Bei Festhaltung dieser Grenzzahlen hält Immendorff eine Schädigung der Ilmanlieger für sicher ausgeschlossen und ebenso sicher würden die Interessen des Regierungsbezirkes Merseburg gewahrt bleiben.

Um kontrollieren zu können, ob Unregelmäßigkeiten im Betriebe der Fabrik, in der Ableitung der Endlaugen und in der Vermehrung des Chlorgehalts des Ilmwassers auftreten, schlägt Immendorff eine Reihe von Maßnahmen und Einrichtungen vor, welche in der oben geschilderten Konzessionserteilung aufgeführt worden sind.

Was die Lossa anlangt, so beschäftigt sich das Gutachten von Vogel nicht mit der Ableitung der Endlaugen nach diesem Flüßchen, dagegen unterwirft Immendorff die Frage nach der Aufnahmefähigkeit der Lossa für Endlaugen der Chlorkaliumfabrik Rastenberg einer eingehenden Untersuchung.

Er kommt dabei zu dem Schlusse, daß man diesem bescheidenen Wasserlauf nur beschränkte Mengen von Endlaugen wird zuführen dürfen und dann nur an einer Stelle, wo die Lossa etwas wasserreicher durch verschiedene Zuflüsse geworden ist. Auch landwirtschaftliche Interessen seien an der Lossa (und weiter an der Unstrut) zu schützen. Aus diesem Grunde empfiehlt Immendorff als höchste Endlaugen-

---

[1]) Bei Analysen von bei Mattstedt geschöpften Ilmwasserproben fand er je nach den Wasserständen Werte zwischen 11 und 60 mg Chlor im Liter und eine Härte zwischen 6° und 41°. Die Härte ist vorwiegend Gipshärte.

menge, die überhaupt abgeleitet werden darf, die aus einer Tagesverarbeitung von 1000 dz Rohcarnallit entstehende festzusetzen. In keinem Falle dürfe das Lossawasser 1—2 km unterhalb der Einleitungsstelle der Endlaugen einen höheren Gehalt an Chlor aufweisen als 400 mg im Liter. Der mittlere natürliche Salzgehalt der Lossa bei Mannstedt wird von Immendorff auf 30 mg Chlor im Liter und 30 Härtegrade angenommen. Die Härte ist vorwiegend Gipshärte.

Im übrigen sollen die gleichen Kontrollmaßnahmen an der Lossa getroffen werden, wie an der Ilm. —

Für die an der Lossa und der Saale unterhalb der Einmündung der Ilm gelegenen preußischen Ortschaften hat, wie oben erwähnt, der Kgl. Preußische Landrat des Kreises Eckartsberga in Cölleda unter dem 22. Februar 1909 Beschwerde gegen die Entscheidung des Bezirksausschusses im 2. Verwaltungsbezirke, betreffend Ableitung der Endlaugen der Chlorkaliumfabrik Rastenberg in die Ilm und Lossa, eingelegt und beantragt, der Gewerkschaft die Einleitung von Endlaugen in die Lossa überhaupt nicht zu erlauben. Die durch Einleitung von Endlaugen in die Lossa zu erwartende Steigerung des Salzgehalts dieses Flüßchens würde eine Schädigung der mit solchem Wasser bewässerten Kulturen in der warmen Jahreszeit, wo eine schnelle Verdunstung des Wassers vor sich geht und viel Wasser gebraucht wird, befürchten lassen; auch zur Viehtränke würde ein solches Wasser nicht benutzt werden können und die Verwendung zu hauswirtschaftlichen Zwecken würde erheblich beeinträchtigt, wenn nicht unmöglich gemacht werden. Ein so kleines Flüßchen sei überhaupt durchaus unbrauchbar zur Abführung von Kaliendlaugen. Der Kgl. Preußische Herr Minister für Handel und Gewerbe hat unter dem 2. März 1909 im Anschluß hieran den Einspruch auch auf die Ilm in der oben (vgl. Seite 533) gekennzeichneten Weise ausgedehnt. Der Einspruch wird damit begründet, daß „der Reinhaltung der Vorfluter mit Rücksicht auf die Trinkwasserversorgung und die Benutzung des Wassers zu gewerblichen und landwirtschaftlichen Zwecken große Bedeutung beizumessen ist". Ferner hat gegen die Entscheidung des Bezirksausschusses der Magistrat der Stadt Magdeburg Rekurs eingelegt mit der Begründung, daß das Wasser der Elbe, welches zur Speisung des Magdeburger Wasserwerkes benutzt wird, durch das Einleiten der Endlaugen in seiner Beschaffenheit geschädigt werde.

Außerdem hat im Mai 1911 der Verein Deutscher Papierfabrikanten eine umfangreiche Denkschrift an den Herrn Reichskanzler gerichtet, in welcher nachzuweisen versucht wird, daß ein durch Endlaugen der Chlorkaliumfabrikation versalzenes Flußwasser als Betriebswasser für Papierfabriken ungeeignet ist. Abgesehen von den Gefahren, welche solches Wasser als Kesselspeisewasser mit sich bringe, würde die Beschaffenheit des Papiers in jedem einzelnen Erzeugungsvorgang durch die Arbeit mit salzhaltigen Wässern aufs ungünstigste verändert und beeinflußt, die Festigkeit des Papiers leide und das Färben sowie das Erreichen der Leimfestigkeit sei erschwert. Da auch an der Saale (z. B. in Weißenfels) die Papierfabrikation betrieben wird, so würden die Abwässer der Chlorkaliumfabrik Rastenberg mittelbar auch für die dortige Papierfabrikation von schädigendem Einfluß sein.

Erwähnt sei schließlich noch, daß am 12. November 1911 in Naumburg a. S. eine Protestversammlung gegen die zunehmende Verunreinigung der Flußläufe durch die Kaliendlaugen stattgefunden hat, in welcher von seiten der Landwirtschaft, der Fischerei und gewisser Industrien (Papierfabriken, Zuckerfabriken) die derzeitige Art der Abwässerbeseitigung der Kaliindustrie scharf angegriffen wurde. In dieser Versammlung fand folgende Resolution einstimmige Annahme:

„Es ist festgestellt, daß durch die Ableitung der Endlaugen der Chlorkaliumfabriken in die Flußläufe ernste Gefahren und schwere Schädigungen für weite Bezirke Deutschlands entstehen. Besonders leiden die Landwirtschaft und die Fischerei, viele Industriezweige und die Städte und Dörfer, deren Einwohner auf das verunreinigte Wasser angewiesen sind. Wir sind der Überzeugung, daß es der Kaliindustrie aus eigener Kraft möglich ist, das ganze Übel durch Unschädlichmachung der Endlaugen zu beseitigen. Will die Kaliindustrie selbst aber die nötigen Schritte nicht ergreifen, so rufen wir die Hilfe der staatlichen Behörden und gesetzgebenden Körperschaften an. Die Schäden sind schon heute unerträglich; deshalb muß der alte Zustand, wie er vor dem Entstehen der Kaliindustrie war, wieder hergestellt werden. Die Schäden werden aber immer unerträglicher werden, je mehr die Kaliindustrie aufblüht. Auch wir wünschen die weitere Entwicklung der deutschen Kaliindustrie, aber wir müssen als unser Recht fordern, daß die Kaliindustrie die Schäden, die ihr Betrieb mit sich bringt, beseitigt und nicht ihre Lasten auf Unbeteiligte abwälzt, die schwer darunter leiden. Wer die Vorteile haben will, darf nicht die Nachteile andern zuschieben.“

4. Die chemische Zusammensetzung des Wassers
der Ilm, Lossa, Unstrut und Saale nach den vorliegenden Untersuchungen und nach den Erhebungen der Berichterstatter.

Angaben über die chemische Zusammensetzung des Wassers der Ilm und Lossa finden sich in den beiden oben angeführten Gutachten von Professor Dr. Vogel und Professor Dr. Immendorff.

Vogel hat der Ilm am 23. Januar 1907 Wasserproben unterhalb Mattstedt, unterhalb Darnstedt, unterhalb Sulza und bei Großheringen entnommen, am 15. November 1907 in Wickerstedt und unterhalb Eberstedt; in dem Immendorffschen Gutachten finden sich 12 Analysen von Ilmwasser, entnommen in den Jahren 1907 und 1908 bei Mattstedt, 11 Analysen von Ilmwasser, entnommen bei Eberstedt und 11 Analysen von Ilmwasser, entnommen bei Großheringen. Die Entnahmen fanden ebenfalls in den Jahren 1907 und 1908 statt.

Ferner stehen zur Verfügung 4 Untersuchungen des Ilmwassers aus dem Jahre 1908 (ohne nähere Angabe der Zeit) unterhalb Weimar (Immendorff) und 8 Untersuchungen von Ilmwasser aus dem Jahre 1897 zwischen Hetschburg und der Mündung der Ilm (Gärtner und Pfeiffer).

Analysen des Wassers der Lossa (und Scherkonda) finden sich nur in dem Immendorffschen Gutachten angegeben und zwar wurde die Lossa am 28. November 1907, 9. April 1908, 21. Mai 1908 und 23. Juni 1908 oberhalb Rastenberg, unterhalb

Rastenberg, unterhalb Hardisleben, bei Frohndorf und nach dem Zusammenfließen mit der Scherkonda untersucht, wobei gleichzeitig eine Prüfung des Wassers des letzteren Flußlaufs erfolgte.

Hierzu kommen die Ergebnisse der Untersuchung der von den Berichterstattern entnommenen Proben.

Die Beschaffenheit des Saalewassers gegenüber der Ilmmündung hat Vogel am 23. Januar 1907 festgestellt; im Immendorffschen Gutachten finden sich keine Angaben. Dagegen glaubten die Berichterstatter, der Zusammensetzung des Saalewassers ihre besondere Aufmerksamkeit schenken zu sollen, und haben daher sowohl am 18. März 1910, als auch am 19. Mai und 10. Oktober 1911 der Saale an verschiedenen Stellen Proben für die Untersuchung entnommen.

Analysen des Saalewassers aus früheren Jahren finden sich in dem in den Akten des Großherzoglich Sächsischen Bezirksdirektors enthaltenen dritten Nachtrags-Gutachten in Sachen der Stadt Magdeburg gegen die Mansfelder Kupferschiefer bauende Gewerkschaft in Eisleben und Genossen, welches Professor Dr. Vogel im Dezember 1904 infolge Verfügung des Königlichen Landgerichts zu Magdeburg erstattet hat; vereinzelte, hier verwendbare Untersuchungen sind auch aus dem von Regierungsrat Dr. Ohlmüller erstatteten Gutachten, betreffend die Verunreinigung der Saale zwischen Halle und Barby (Arbeiten aus dem Kaiserlichen Gesundheitsamte 12. Band 1896, Seite 285) zu ersehen. Vom 22.—25. Juli 1905 haben schließlich Kolkwitz und Ehrlich der Saale und Elbe von Halle an abwärts einige Proben zur Untersuchung entnommen[1]).

Die Ergebnisse aller dieser Untersuchungen sind in der Anlage I (Übersichtstabelle), nach den Entnahmestellen (geographisch) und nach den Entnahmezeiten (chronologisch) geordnet, zusammengestellt worden, nachdem sie, wo nötig, auf vergleichbare Werte umgerechnet worden sind. Im besonderen mußten, um einen unmittelbaren Vergleich mit den Zahlen der beiden früheren vom Reichs-Gesundheitsrat in der Kaliabwässerfrage erstatteten Gutachten[2]) zu ermöglichen, die als Kalziumoxyd, Magnesiumoxyd und Schwefelsäureanhydrid angegebenen Werte auf Kalzium, Magnesium und Sulfat-Ion umgerechnet werden.

Aus den Analysen lassen sich ersehen:

a) die chemische Zusammensetzung der Flußwässer vor Zutritt von Kalifabrikabwässern (natürlicher Salzgehalt) und

b) die Höhe der zur Zeit der Probeentnahme bestehenden künstlichen Versalzung der Flußwässer.

---

[1]) **Kolkwitz** und **Ehrlich**, Chemisch-biologische Untersuchungen der Elbe und Saale, Mitteil. der Kgl. Prüfungsanstalt für Wasserversorgung, Heft 9 (1907) S. 1.

[2]) Gutachten des Reichs-Gesundheitsrats über den Einfluß der Ableitung von Abwässern aus Chlorkaliumfabriken auf die Schunter, Oker und Aller. Arbeiten aus dem Kaiserlichen Gesundheitsamte, 25. Band (1907) S. 259.

Gutachten des Reichs-Gesundheitsrats, betreffend die Versalzung des Wassers von Wipper und Unstrut durch Endlaugen aus Chlorkaliumfabriken. Arbeiten aus dem Kaiserlichen Gesundheitsamte, 38. Band (1911) S. 1.

Die natürliche Beschaffenheit der Flußwässer ist ersichtlich sowohl aus Proben, welche oberhalb des Zutritts der Kalifabrikabwässer entnommen worden sind, als auch aus den Untersuchungsergebnissen von Wasserproben, welche zwar weiter abwärts geschöpft wurden, aber zu einer Zeit, als die Kalifabrik Rastenberg noch nicht arbeitete.

Hinsichtlich dieses letzteren Punktes möge noch einmal festgestellt werden, daß der Betrieb der Chlorkaliumfabrik Rastenberg im Anfang des Jahres 1910 aufgenommen ist, Ablaugen in geringen Mengen aber erst seit dem 30. Mai 1910 zum Ablauf gelangten und daß auch im August 1910 die Ableitung der Endlaugen noch nicht in vollem Betriebe war. Selbst Ende November des Jahres 1910 war die Fabrik noch nicht in vollem Gange. Im Mai des Jahres 1911 gelangten, wie festgestellt wurde, täglich höchstens 4000 dz Rohsalz[1]) zur Verarbeitung; im Oktober 1911 war die tägliche Verarbeitung von Rohcarnallit, wie angegeben wurde, auf 2000 dz (infolge des Umbaues der Fabrik) zurückgegangen.

Bei den Analysen aus dem Flußgebiete der Saale, welche vor dem 30. Mai 1910 ausgeführt worden sind, spielen demnach die Abwässer der Chlorkaliumfabrik Rastenberg (abgesehen von etwaigen beim Schachtbau entstandenen Abwässern) noch keine Rolle.

1. Ilm.

a) Der ursprüngliche Zustand des Ilmwassers bei verschiedenen Wasserständen ergibt sich aus der Zusammenstellung in Anlage II.

Mangels Angaben über die Ilmwasserstände sind die Wasserstände der Saale bei Kösen herangezogen worden.

Danach schwankt der Gehalt des Ilmwassers an Salzen, je nach den Wasserständen, erheblich, nämlich in den untersuchten Fällen (in denen sich der Wasserstand der Saale am Kösener Pegel zwischen 0,50 und 1,90 m bewegte) zwischen 991 und 172 mg Trockenrückstand, 60 und 11 mg Chlor, 445 und 31 mg Sulfat-Ion, 231 und 38 mg Kalzium, 35 und 6 mg Magnesium und 40 und 7 Härtegraden bei Mattstedt, ferner zwischen 1168 und 226 mg Trockenrückstand, 121 und 24 mg Chlor, 431 und 32 mg Sulfat-Ion, 234 und 45 mg Kalzium, 45 und 6 mg Magnesium und 42 und 8 Härtegraden bei Großheringen an der Mündung in die Saale. Im allgemeinen entsprechen die höheren Zahlen den niedrigeren Saalewasserständen und umgekehrt, doch kommen auch Unstimmigkeiten vor, z. B. bei den Untersuchungen vom Juni und Juli 1908, wo trotz höheren Wasserstandes nicht eine Verminderung des Salzgehalts im Flußwasser festzustellen war, sondern eine Steigerung. Es ist anzunehmen, daß an diesen Untersuchungstagen der Gang der Wasserstände in Ilm und Saale nicht in gleichem Sinne erfolgte.

Der Kalk ist im Wasser der Ilm großenteils an Schwefelsäure gebunden, zum geringern Teil als Bikarbonat vorhanden. Besondere Bestimmungen der Karbonat-

---

[1]) Nach ihrem Gesuche vom 31. Mai/1. Juli 1907 beabsichtigte die Gewerkschaft Rastenberg, zunächst eine werktägliche Verarbeitung bis zu 8000 dz Carnallit vorzunehmen mit Ableitung der Endlaugen in die Ilm.

härte bei den Untersuchungen vom März 1910 und Mai 1911 ergaben, daß nur etwa $\frac{1}{3}$ der Gesamthärte des Ilmwassers aus Karbonathärte bestand, $\frac{2}{3}$ dagegen aus bleibender Härte[1]).

Der Chlor- und Magnesiumgehalt des Ilmwassers ist gering, die Magnesiahärte übersteigt bei den ausgeführten Untersuchungen niemals 11 Härtegrade.

Bemerkenswert ist die Tatsache, daß die Ilm auf ihrem Laufe bis zur Mündung auch ohne das Hinzutreten von Kalifabrikabwässern eine nicht unerhebliche Zunahme an Elektrolyten erfährt. Als Grund dafür dürften nicht nur die dem Flusse zugeführten Schmutzwässer von Weimar und Apolda anzusehen sein, sondern vielleicht auch der Zutritt stärker salzhaltigen Grundwassers. Bei einem Saalewasserstande von 0,64 m am Kösener Pegel wurden in 1 Liter Ilmwasser, das oberhalb von Weimar bei Hetschburg im Jahr 1897 geschöpft worden war, nur 320 mg Trockenrückstand und 97 mg Kalzium gefunden, unterhalb Weimar dagegen 644 mg Trockenrückstand und 188 mg Kalzium (eine Zunahme des Chlorgehalts ist auffallenderweise nicht zu konstatieren).

Soweit aus den vorliegenden Untersuchungen zu ersehen ist, beträgt dann weiter der durchschnittlich errechnete Zuwachs von Mattstedt bis Großheringen

an Trockensubstanz . . . . 132 mg/L
an Chlor . . . . 37 „
an Sulfat[2]) . . . . . . 17 „
an Kalzium . . . . . . 10 „
an Magnesium . . . . . 5 „
an Gesamthärte . . . . . 2°.

Als ursprünglichen Gehalt des Ilmwassers für den vorliegenden Fall an Salzen wird man seine Beschaffenheit bei Mattstedt annehmen müssen. Auf Grund der vorliegenden Untersuchungen (vgl. Anlage II) berechnet sich daselbst der durchschnittliche Chlorgehalt auf 25 mg im Liter, die durchschnittliche Gesamthärte auf 24 deutsche Grade.

Immendorff nimmt in den Schlußfolgerungen seines Gutachtens die natürliche Härte des Ilmwassers zu 30° an und den natürlichen Chlorgehalt zu 50 mg im Liter, Vogel die natürliche Härte des Ilmwassers zu 17—41°.

Für eine genauere Beurteilung des natürlichen Salzgehalts der Saale unterhalb der Ilmmündung fehlen ausreichende analytische Unterlagen aus der Zeit vor Inbetriebnahme der Chlorkaliumfabrik Rastenberg. Man muß daher versuchen, sich durch Rechnung ein Bild von diesem Salzgehalte zu schaffen.

So betrug beispielsweise bei mittlerem Wasserstande (0,82—0,86 m am Kösener Pegel) der Chlorgehalt des Saalewassers oberhalb der Ilmmündung 11 mg im Liter,

---

[1]) Die Analysen der am 23. Januar 1907 geschöpften und von Professor Dr. Vogel untersuchten Ilmwasserproben weisen auffallend niedrige Sulfatzahlen auf. Es ist angenommen worden, daß hier ein Druckfehler in der Tabelle auf Seite 9 des Vogelschen Gutachtens vorliegt, die Zahlen also nicht 0,0255 usw. g SO_3 heißen müssen, sondern 0,1255 g SO_3 usw. Diese korrigierten Zahlen, auf SO_4 umgerechnet, sind in den Tabellen durch Einklammerung gekennzeichnet.

[2]) Bei der Durchschnittsberechnung ist die korrigierte Zahl (vgl. Fußnote 1) der Untersuchung vom 23. Januar 1907 benutzt worden.

bei gleichem Wasserstande der Chlorgehalt des Ilmwassers bei Großheringen 55 mg im Liter. Unter der Annahme, daß das Ilmwasser etwa zu $^1/_{10}$ zu der Saale-abflußmenge beiträgt, würde sich unterhalb der Ilmmündung für das Mischwasser ungefähr ein Chlorgehalt von 16 mg errechnen. Bei knapper Wasserführung aber (0,46—0,50 m am Kösener Pegel) betrug der ursprüngliche Chlor-gehalt des Saalewassers oberhalb der Ilm 36 mg, derjenige der Ilm bei Großheringen dagegen 75—88 (im Mittel 82) mg. Das Mischwasser hätte dann etwa einen Chlor-gehalt von 44 mg im Liter haben müssen. Diese Zahlen sind natürlich nur als Schätzungen anzusehen.

b) Probeentnahmen von Ilmwasser nach Inbetriebnahme der Chlorkaliumfabrik Rastenberg wurden durch die Berichterstatter am 18. und 19. Mai 1911 und am 10. Oktober 1911 vorgenommen[1]. Im Mai herrschte Mittelwasser, im Oktober Nieder-wasser. Im Mai verarbeitete die Fabrik angeblich täglich 4000 dz Carnallit, im Oktober nur 2000.

Im Mai konnte sowohl eine Probe bei Mattstedt unterhalb der Endlaugen-einleitung als auch an der Mündung der Ilm bei Großheringen geschöpft werden, im Oktober ermöglichten es die Umstände nur, eine Probe an der Mündung der Ilm bei Großheringen zu entnehmen.

Vergleicht man die Zusammensetzung des Ilmwassers bei Mattstedt und Groß-heringen am 18. und 19. Mai 1911 d. h. bei Mittelwasser mit den Ergebnissen einer Untersuchung des Wassers dieses Flusses bei einem ähnlichen Wasserstande, aber vor der Zeit, wo Endlaugen abgeführt wurden, also z. B. mit den Untersuchungen vom 21. Mai 1908 und 23. Januar 1907, so ergeben sich die in der nachfolgenden Tabelle errechneten Zuwachszahlen in mg im Liter.

Ilm bei Mattstedt.

Datum der Probeentnahme	1 L Wasser enthält Milligramme					Gesamthärte in Graden
	Rst.[2]	Cl	SO$_4$	Ca	Mg	
21. 5. 08	410	20	136	91	18	17
23. 1. 07	380	29	151[3]	93	17	17
Mittel	395	25	144	92	18	17
18./19. 5. 11	1160	369	243	136	68	35
Zuwachs in mg/L bzw. Graden	765	344	99	44	50	18

Ilm bei Großheringen.

Datum der Probeentnahme	1 L Wasser enthält Milligramme					Gesamthärte in Graden
	Rst.	Cl	SO$_4$	Ca	Mg	
21. 5. 08	526	45	160	105	21	19
23. 1. 07	520	46	152[4]	111	18	20
Mittel	523	45	156	108	20	20
18./19. 5. 11	1706	483	306	153	103	45
Zuwachs in mg/L bzw. Graden	1183	438	150	45	83	25

[1] Die erste Probeentnahme durch die Berichterstatter am 18. März 1910 fiel, wie erwähnt, noch vor die Eröffnung des Betriebes.

[2] Rst. = Trockenrückstand, Cl = Chlor, SO$_4$ = Sulfat-Ion, Ca = Kalzium, Mg = Magnesium.

[3] Vgl. Fußnote auf S. 544.

[4] Vgl. Fußnote auf S. 544.

Ein entsprechender Vergleich zwischen den Ergebnissen der Ilmwasseranalyse bei Großheringen am 10. Oktober 1911 d. h. bei Niederwasser und den Untersuchungen der Ilm ebendort vom 13. und 29. November 1907 (an diesen Tagen herrschten ähnliche Wasserstände wie am 10. Oktober 1911) ergibt das durch die folgende Tabelle gekennzeichnete Bild:

Ilm bei Großheringen.

Datum der Probeentnahme	1 L Wasser enthält Milligramme					Gesamthärte in Graden
	Rst.	Cl	SO_4	Ca	Mg	
13. 11. 07	1168	88	431	234	39	42
29. 11. 07	995	75	395	211	36	38
Mittel	1082	82	413	223	38	40
10. 10. 11	1300	190	—	250	58	48
Zuwachs in mg/L bzw. Graden	218	108	—	27	20	8

Den Zuwachs in beiden Fällen wird man, ohne einen erheblichen Fehler zu begehen, auf die eingeleiteten Endlaugen einschließlich der Kieseritwaschwässer zurückführen dürfen. Es ergibt sich dann folgendes:

Wäre der Zuwachs nur durch das Chlormagnesium der Endlaugen bedingt, so müßten entfallen auf den Zuwachs von 50 mg Magnesium in Mattstedt im Mai 1911 146 mg Chlor; bei Großheringen auf 83 mg Magnesium 242 mg Chlor im Mai 1911 und auf 20 mg Magnesium im Oktober 1911 58 mg Chlor.

Der Zuwachs an Chlor betrug aber tatsächlich

statt 146 mg 344 mg,

„ 242 „ 438 „ und

„ 58 „ 108 „

d. h. für den Liter Wasser mehr an Chlor:

bei Mattstedt im Mai 1911 . . . . . 198 mg

bei Großheringen im Mai 1911 . . . . 196 „

bei „ im Oktober 1911 . . 50 „

Diese überschüssigen Mengen von Chlor sind zweifellos im wesentlichen auf die bei der Kieseritwäsche anfallenden kochsalzigen Abwässer zurückzuführen. Es beweist diese Berechnung jedenfalls, daß Immendorff nicht Unrecht hat, wenn er bei der Kontrolle der Versalzung des Flußwassers im vorliegenden Falle in erster Linie die Chlorzahl benutzen will, da, falls nur die Härte des Wassers für die Kontrolle benutzt werden sollte, die kochsalzhaltigen Kieseritwaschwässer der Kontrolle entgehen würden. Wird allerdings das Wittgensche Verfahren eingeführt, so würden die kochsalzhaltigen Abwässer ihrer Menge nach stark reduziert werden.

Seitens des Großherzoglichen Ministeriums in Weimar sind die Ergebnisse der Untersuchungen des Ilmwassers unterhalb der Einleitung der Endlaugen der Chlorkaliumfabrik Rastenberg mitgeteilt worden, welche der als Kontrollbeamter angestellte Lehrer Wagner aus Nauendorf im Oktober und November erhalten hat. Es wurde der Chlorgehalt des Wassers der Ilm täglich einmal an der Scheitbrücke (2 km oberhalb Wickerstedt) und bei Wickerstedt selbst bestimmt.

Von den 115 entnommenen Proben hatten 32 = 28% einen Chlorgehalt von über 450 mg im Liter[1]) (die höchste gefundene Zahl betrug 1052 mg), 36 = 31% einen Chlorgehalt über 400 mg im Liter, 47 = 41% einen Chlorgehalt von 350 mg und mehr und 64 = 57% einen Chlorgehalt von 300 mg und darüber im Liter Wasser. Dabei war die Kieseritwäsche während dieser Untersuchungszeit bereits eingestellt! Die ungünstigen Befunde werden seitens der Großherzoglichen Regierung auf den zurzeit noch bestehenden Mangel eines Ablaufregulators zurückgeführt.

Dem Reichs-Gesundheitsrate sind ferner Untersuchungsergebnisse von Ilmwasserproben mitgeteilt worden, welche in der agrikulturchemischen Abteilung der landwirtschaftlichen Versuchsstation Jena gewonnen worden sind. Die Proben wurden im Laufe des Jahres 1911 an den beiden Kontrollstellen der Ilm entnommen.

Von den 90 Wasserproben, deren Untersuchungsergebnis vorliegt, zeigten 8 (= 8,9%) einen Chlorgehalt von über 1000 mg im Liter (die höchste beobachtete Chlorzahl war: 1531 mg!), 38 (= 42%) einen Chlorgehalt über 700 mg im Liter und 79 (= 88%) einen Chlorgehalt über 450 mg im Liter.

Zum Teil erklären sich diese hohen Zahlen wohl aus der geringen Wasserführung der Ilm in der Dürre des Sommers 1911, denn ein großer Teil der Proben ist gerade in den Sommermonaten entnommen worden.

Auch die für die Härte gefundenen Zahlen sind vielfach recht hoch und erreichen 148°! 9 Proben (= 10%) zeigten Härten über 100°, 29 (= 32%) Härten über 80° und 43 (= 48%) Härten über 65°.

In der vorläufigen Konzession heißt es, wie erwähnt: Der Chlorgehalt darf 450 mg im Liter nicht übersteigen, „womit eine Verhärtung des Ilmwassers nicht über 65° gewährleistet ist". Es war daher von Interesse, zu untersuchen, in welchem Verhältnis in den 90 genauer untersuchten Proben durchschnittlich die Härte zum Chlorgehalt tatsächlich gestanden hat.

Als Mittelzahl sämtlicher Chlorzahlen errechnen sich 688 mg, als Mittelzahl sämtlicher Härtezahlen 71°. Berechnet man danach die auf 450 mg Chlor entfallende Härte, so ergeben sich 46, oder rund 45 Härtegrade.

Man darf hieraus entnehmen, daß zurzeit die für den ursprünglichen Fabrikationsbetrieb zugelassene Verhärtung von 65° zu hoch gegriffen ist. Wie aus dem Schlusse des Gutachtens des Professors Dr. Immendorff hervorgeht, ist man zu diesen 65° (ähnlich wie zu der Chlorzahl von 450 mg) dadurch gekommen, daß man nach dem Vorbild des im „Schunter-Oker-Aller-Gutachten" des Reichs-Gesundheitsrats gemachten Vorschlag zur natürlichen Härte 35° Härte (zum natürlichen Chlorgehalt 400 mg) zugeschlagen hat. Dabei ist die natürliche Härte der Ilm zu 30° und ihr natürlicher Chlorgehalt zu 50 mg angenommen worden.

Im vorliegenden Gutachten ist demgegenüber, wie oben erwähnt, mit einer natürlichen Härte von 24° und einem natürlichen Chlorgehalt von 25 mg im Liter

---

[1]) 450 mg Chlor im Liter ist die einstweilen zugelassene höchste Versalzung.

gerechnet worden. Wird eine künstliche Erhöhung des Chlorgehaltes bis auf 450 mg im Liter zugelassen, so würde also der durch Abwässer der Rastenberger Fabrik bedingte Zuwachs auf 425 mg Chlor im Liter anzunehmen sein. Würde diese Chlormenge nur in Form des Chlormagnesiums in die Ilm hineingelangen, so würde dem Zuwachs von 425 mg Chlor ein Zuwachs von 146 mg Magnesium d. h. von 33,5 Härtegraden entsprechen; bei Annahme eines natürlichen Chlorgehaltes von 50 mg im Liter, eines Zuwachses also von nur 400 mg, würden sich 31,5 Härtegrade ergeben. Man wird also im allgemeinen annehmen dürfen, daß auch im ungünstigen Fall einem Chlorzuwachs von 400—425 mg im Liter ein Härtezuwachs von nur etwa 30° entspricht. Die durch Sulfate (z. B. Magnesiumsulfat) etwa bedingte Verhärtung ist hierbei nicht berücksichtigt worden, da die Fabrik Rastenberg ja gewöhnlich das Magnesiumsulfat auf Kaliumsulfat weiter verarbeitet, Sulfate also meist nicht in nennenswerter Menge zum Abfluß kommen werden. Aber auch im anderen Fall würde die durch Sulfate hervorgerufene Verhärtung unbedeutend sein, wie folgende Rechnung zeigt. Der durchschnittliche Gehalt der Carnallitendlaugen (vgl. S. 542, Fußnote 2) an Chlor beträgt 291 g im Liter, an Sulfat (SO_4) 28 g. Demnach würden auf 425 mg Chlor im Liter Ilmwasser, herrührend aus Endlaugen, rund 41 mg SO_4 entfallen. Diese 41 mg SO_4 würden einen Härtezuwachs von nur 2,4° bedeuten. Es wird also erlaubt sein, die aus Sulfaten herrührende Härte zu vernachlässigen.

2. Lossa.

In die Lossa sind bisher Endlaugen aus der Chlorkaliumfabrik Rastenberg nicht eingeleitet worden, doch liegt es nahe, daß die beim Schachtbau anfallenden Wässer diesem Flüßchen, welches nur etwa $1^1/_2$ km von dem Schachte entfernt fließt, zugeführt worden sind.

In der als Anlage III beigefügten Tabelle sind die Ergebnisse der Untersuchung des Lossawassers, geordnet nach den Wasserständen der Unstrut bei Wendelstein U. P. (für die Lossa liegen ausreichende Pegelbeobachtungen nicht vor), zusammen aufgeführt. Es ergibt sich dabei die zunächst auffallende Erscheinung, daß die Beziehungen zwischen Wasserständen und Salzgehalt wenigstens an der unteren Lossa sehr viel weniger ausgeprägt sind, als an der Ilm. In der Gegend zwischen Hardisleben und Frohndorf zeigt z. B. das Lossawasser fast die gleiche Härte (27° und 28° bezw. 39° und 41°) zu den (allerdings in der Unstrut gemessenen) verschiedenen Wasserständen von 1,10 und 1,70 m; ja, bei Hardisleben beträgt bei einem Unstrutwasserstande von 3,08 m die Härte noch immer 24° gegenüber 27° bei 1,10 m Wasserstand. Andererseits nimmt die natürliche Härte, welche vorwiegend auf Gipshärte beruht, im Verlaufe des Flüßchens erheblich zu, von 24—33° bei Hardisleben, auf 38—42° an der Mündung bei Leubingen. Rechnet man aus den vorhandenen Analysen Durchschnittszahlen für die Entnahmestellen Altenburger- bezw. Ölmühle, Hardisleben-Mannstedt und Leubingen aus, so ergibt sich folgendes:

Entnahmestelle	Rückstand mg/L	Chlor mg/L	Schwefelsäure (SO_4) mg/L	Kalzium (Ca) mg/L	Magnesium (Mg) mg/L	Gesamthärtegrade
Altenburger bzw. Ölmühle	499	24	71	106	27	21
Hardisleben-Mannstedt .	704	23	229	140	37	28
Leubingen	979	24	393	201	53	40

Es nimmt also in erster Linie der Gehalt an Schwefelsäure und Kalk stark zu, in zweiter Linie Trockenrückstand und Magnesium, gar nicht dagegen der Gehalt an Chloriden.

Erklärlich wird das Verhalten der Salze im Flußwasser aus der geologischen Beschaffenheit des von der Lossa durchströmten Gebiets. Wie Immendorff in seinem Gutachten bereits bemerkt hat, durchfließt die Lossa in ihrem unteren Laufe Muschelkalk und Keuperschichten, aus welchen ihr Wasser fortlaufend immer mehr Gips aufnimmt. Da sich kristallwasserhaltiger Gips ($CaSO_4 + 2 H_2O$) bis zu $2 : 1000$ in Wasser löst, die durchschnittlich bei Leubingen im Lossawasser gefundene Kalziummenge (201 mg Ca), auf Gipshydrat umgerechnet, 865 mg Gipshydrat entsprechen würde, so wäre das Lossawasser bei Leubingen fast zur Hälfte mit Gipshydrat gesättigt. Da ein gewisser Teil des Kalziums aber, wie aus den für SO_4 gefundenen Zahlen hervorgeht, als Bikarbonat vorhanden ist, so ist der Gipsgehalt des Lossawassers etwas niedriger zu veranschlagen. Immerhin wird man ohne weiteres sagen dürfen, daß sich das Lossawasser zur Aufnahme von Chlorkaliumendlaugen aus zwei Gründen sehr wenig eignet:

1. Es hat an der Mündung durchschnittlich schon eine beträchtliche, hauptsächlich durch Gips bedingte Härte.

2. Die Härte geht auch bei höheren Wasserständen nicht wesentlich herab.

Die Lossa könnte deshalb höchstens zur Aufnahme vorwiegend kochsalzhaltiger Ablaugen (Kieseritwaschwässer) dienen, da der Chlorgehalt des Wassers auch bei niedrigen Wasserständen unerheblich ist und sich auch bis zur Mündung nicht verändert. Immendorff nimmt in seinem Gutachten die mittlere Härte des Lossawassers zu 40^0 an, den mittleren Chlorgehalt zu 30 mg im Liter.

3. Saale.

Die Ergebnisse der Untersuchung von Wasserproben, welche früher und neuerdings aus der Saale von oberhalb der Ilmmündung an bis zur Elbe geschöpft worden sind, finden sich in der Anlage IV, nach Wasserständen am Pegel zu Kösen geordnet, zusammengestellt.

a) Das Saalewasser oberhalb der Ilmmündung ist, soweit sich nach den den Berichterstattern zur Verfügung stehenden Unterlagen beurteilen läßt, selten untersucht worden. Vogel stellte am 23. Januar 1907 die Beschaffenheit des Saalewassers „gegenüber Ilmmündung" fest. Gelegentlich der drei Besichtigungsreisen im März 1910 und im Mai und Oktober 1911 haben die Berichterstatter oberhalb der Ilm jedesmal Proben aus der Saale genommen, im Oktober 1911 bei sehr niedrigem, im Mai 1911 bei ziemlich hohem Wasserstande, im März 1910 bei Mittelwasser.

Die Untersuchung ergab, daß das Saalewasser oberhalb der Ilmmündung noch arm an Salzen ist.. Der Trockenrückstand schwankte zwischen 149 und 510 mg im Liter, der Chlorgehalt zwischen 11 und 36 mg, der Schwefelsäuregehalt (SO_4) zwischen 37 und 125 mg; der Kalziumgehalt zwischen 23 und 80 mg, der Magnesiumgehalt zwischen 7 und 17 mg und die Gesamthärte zwischen 6 und 15°.

Berechnet man die Mittelzahlen aus diesen drei Untersuchungen, so ergibt sich folgender Durchschnitt für den natürlichen Salzgehalt des Saalewassers oberhalb der Ilm:

Saale oberhalb der Ilmmündung	mg im Liter
Trockenrückstand	290
Chlor (Cl)	22
Schwefelsäure (SO_4)	72
Kalzium (Ca)	45
Magnesium (Mg)	12
Gesamthärtegrade	9

Wegen des natürlichen Salzgehalts des Saalewassers unterhalb der Ilmmündung vgl. S. 545.

b) Für die Beurteilung der Verunreinigung der Saale durch salzhaltige Zuflüsse wird man die Strecke des Flusses von der Ilmmündung an bis zur Einmündung der Saale in die Elbe nach der Herkunft der Zuflüsse zweckmäßig in 4 Strecken teilen:

1. Saale von der Ilmmündung bei Großheringen an bis oberhalb der Unstrutmündung bei Naumburg.

2. Saale von unterhalb der Unstrutmündung bei Naumburg an bis oberhalb der Schlenzemündung bei Friedeburg.

3. Saale von unterhalb der Schlenzemündung an bis oberhalb der Bodemündung bei Nienburg.

4. Saale von unterhalb der Bodemündung bei Nienburg an bis zur Mündung der Saale in die Elbe.

Von Zuflüssen kommen in Betracht:

Auf der ersten Strecke die Ilm, welche am linken Saaleufer bei Großheringen mündet, auf der zweiten Strecke die Unstrut, welche bei Naumburg von links, die Wethau, welche oberhalb von Schönburg, die Rippach, welche wenige Kilometer unterhalb Weißenfels, der Persebach, welcher kurz oberhalb der Saline Dürrenberg der Saale zufließt. Die drei letztgenannten Zuflüsse kommen von rechts. Innerhalb von Merseburg fließt ferner von links die Geißel, unterhalb von Merseburg von rechts die Luppe, einige Kilometer oberhalb von Halle von rechts die Elster und bei Salzmünde von links die Salza zu.

Auf der dritten Strecke mündet links bei Friedeburg die Schlenze, auf der vierten Strecke links bei Nienburg die Bode.

Zur Begründung der gewählten Einteilung des Saalelaufs möge hier nur bemerkt werden, daß nach den bisher zahlreich vorgenommenen Feststellungen Unstrut, Schlenze und Bode die hauptsächlichen Zubringer von großen Salzmengen sind.

Die Unstrut bringt große Mengen von Kalifabrikabwässern, namentlich aus dem Wippergebiet[1]); in die Schlenze ergießen sich die Abwässer aus dem Schlüsselstollen, dem Ableitungskanal für die stark salzigen Abwässer der Mansfelder Gewerkschaft; die Bode bringt große Mengen von Kalifabrikabwässern aus den Kaliwerken Westeregeln, Staßfurt, Leopoldshall usw.

Während vor Inbetriebnahme der Chlorkaliumfabrik Rastenberg die Saale auf der Strecke bis zur Unstrut nur unbedeutendere salzhaltige Zuflüsse erhielt, und die eigentliche Belastung der Saale mit salzhaltigen Industrieabwässern erst von der Unstrutmündung an begann, ist mit der Betriebsaufnahme der Chlorkaliumfabrik Rastenberg der Anfang der Versalzungszone saaleaufwärts bis zur Ilmmündung gerückt und die hier der Saale zugeführten Salzmengen addieren sich zu den weiter unten in die Saale eingeleiteten.

Die Untersuchungen der geschöpften Saalewasserproben müssen verschiedene Ergebnisse zeigen je nach der Zeit, zu der sie entnommen wurden, und je nach dem Wasserstande der Saale.

Hinsichtlich der Zeit werden die Unterschiede bedingt durch den Zeitpunkt des Beginns und durch die Art der Entwicklung der die Versalzung bedingenden Industrien.

So hat die Kaliindustrie im Wipper-Unstrutgebiet erst in den letzten Zeiten einen großen Aufschwung genommen; die ungewöhnlich starke Belastung, welche das Saalewasser im Anfang der 90er Jahre vorigen Jahrhunderts durch die dem Schlüsselstollen entströmenden gewaltigen Abwässermengen der Mansfelder Gewerkschaft erfuhr[2]), ist seit der im Jahre 1894 erfolgten Trockenlegung des im Mansfelder Seekreis gelegenen „salzigen Sees" etwas zurückgegangen; älteren Datums ist die zur Bode gehende Kalifabrikabwässerung der in der Magdeburg-Halberstädter Senkung gelegenen Kaliwerke.

Um eine Übersicht über die Entwicklung der Verhältnisse an der Saale zu geben, schien es daher geboten, nicht nur die gegenwärtige Beschaffenheit des Saalewassers zwischen Ilm- und Unstrutmündung zu untersuchen, sondern auch die Zusammensetzung des Saalewassers weiter abwärts an der Hand älterer Analysen in den Kreis der Beurteilung zu ziehen.

Es wäre wünschenswert gewesen, auch den gegenwärtigen Zustand des Saalewassers durch eine Bereisung der Saale bis zur Mündung und durch Probeentnahme festzustellen.

Hierzu ermangelte es indessen an Zeit; denn auftragsgemäß sollte die Erstattung des Gutachtens beschleunigt werden.

Da auch von der Stadt Magdeburg Einsprüche gegen die Konzessionserteilung an die Gewerkschaft Rastenberg vorlagen, so sind auch die zahlreich vorliegenden

---

[1]) Vgl. das Gutachten des Reichs-Gesundheitsrats, betr. die Versalzung des Wassers von Wipper und Unstrut durch Endlaugen aus Chlorkaliumfabriken.

[2]) Vgl. Ohlmüller, Gutachten, betr. die Verunreinigung der Saale zwischen Halle u. Barby, Arb. a. d. Kaiserl. Gesundheitsamte, 12. Bd. 1896, S. 311.

Untersuchungen des Elbwassers in der Nähe des Magdeburger Elbwasserwerkes für die Beurteilung der Sachlage mit herangezogen worden.

Erste Saalestrecke.

Für die erste Saalestrecke zwischen Ilm und Unstrutmündung liegen fast nur Untersuchungen durch die Berichterstatter nach (unvollständiger) Inbetriebsetzung der Chlorkaliumfabrik Rastenberg vor.

Anläßlich der Untersuchung im Mai 1911 bei verhältnismäßig hohen Wasserständen zeigte es sich (vgl. Anlage I), daß eine Durchmischung des Ilmwassers mit dem Saalewasser frühestens bei Unterneusulza stattfindet; vorher war das Wasser der linken Stromseite der Saale, wie Messungen des elektrischen Leitvermögens ergaben, bedeutend salzhaltiger als das der rechten. Der Chlorgehalt des Saalewassers war durch Hinzutreten der Ilm von 18 mg auf 28 mg in der Strommitte gestiegen. Ob indessen die Durchmischung bei Unterneusulza schon vollständig war, ist fraglich, da weiter unterhalb (oberhalb Kösen) die Chlorzahl noch weiter auf 43 mg/L anstieg[1]. Der Trockenrückstand des Saalewassers wuchs von 149 mg im Liter oberhalb der Ilmmündung auf 190 mg bei Unterneusulza (Strommitte) und 219 mg oberhalb Kösen, verhältnismäßig am wenigsten die Gesamthärte, welche an den gleichen Stellen 6, 6,5 und 7 Grade betrug. (Kalzium 23—25—28 mg, Magnesium 11—12—14 mg im Liter.)

Zum Verständnis dieser geringfügigen Einwirkung der Endlaugen der Chlorkaliumfabrik Rastenberg, bezw. der Ilm auf die Beschaffenheit des Saalewassers im Mai 1911 ist daran zu erinnern, daß das Ilmwasser bei Großheringen bei der Untersuchung im Mai 1911 zwar 483 mg Chlor im Liter enthielt, also 30 mg mehr, als konzessionsmäßig erlaubt war[2], aber nur 45° Gesamthärte (gegenüber 65 in der Konzession zugelassenen Graden)[3]. Durch den hohen Wasserstand der Saale war die Ilm aufgestaut und ihre Abflußmenge bildete am Tage der Untersuchung einen kleineren Bruchteil der Saaleabflußmenge als unter gewöhnlichen Verhältnissen.

Ein anderes Ergebnis hatte die Untersuchung im Oktober 1911 bei Niederwasser. Trotzdem die Verarbeitung von Rohsalz in der Chlorkaliumfabrik Rastenberg damals wegen Umbaues angeblich auf 2000 dz täglich vermindert war, zeigten die bei Unterneusulza entnommenen Proben gegenüber dem Saalewasser oberhalb der Ilmmündung einen bemerkbaren Zuwachs, wie folgende Zusammenstellung zeigt:

Entnahmestelle	1 Liter Wasser enthält mg					Gesamthärtegrade
	Rst.[4]	SO_4	Cl	Ca	Mg	
Saale oberhalb der Ilmmündung	510	125	36	80	17	15
Saale bei Unterneusulza . . .	570	165	51	100	22	19

[1] Für die noch nicht ausgeglichene Durchmischung spricht auch der Umstand, daß die Messungen des elektrischen Leitvermögens mit den Analysenzahlen hier nicht immer zusammengehen.

[2] Die konzessionierte Menge bezieht sich allerdings auf die unterhalb Mattstedt, d. h. oberhalb Großheringens gelegene Kontrollstelle.

[3] Die Fabrik Rastenberg verarbeitete damals, wie mehrfach schon erwähnt, angeblich nur 4000 dz statt der beabsichtigten 8000 dz täglich.

[4] Vgl. Fußnote 2 auf S. 545.

Dabei lag der Salzgehalt des Ilmwassers bei Großheringen nicht unerheblich unter den durch die Konzession erlaubten Grenzen. Das Ilmwasser enthielt nämlich statt der gestatteten 450 mg Chlor nur 190 mg im Liter.

Für das Saaleprofil oberhalb der Unstrutmündung bei Naumburg stehen die Ergebnisse von 4 Untersuchuugen zur Verfügung. Zwei Untersuchnngen sind von den Berichterstattern im Mai und Oktober 1911 ausgeführt worden und zwei im September und November des Jahres 1903 von Professor Dr. Vogel für sein Nach-tragsgutachten in Sachen der Stadt Magdeburg gegen die Mansfelder Kupferschiefer bauende Gewerkschaft in Eisleben und Genossen. Die Untersuchungen verteilen sich (wie aus der Anlage IV zu ersehen ist) recht gleichmäßig auf die verschiedenen Saale-wasserstände am Kösener Pegel zwischen 0,46 und 1,54 m. Zur Zeit der Vogel-schen Untersuchungen führte die Ilm noch keine Kalifabrikabwässer, sondern nur die Abwässer der Saline in Sulza u. a.

Wie aus den Zahlen an der entsprechenden Stelle in Anlage IV zu ersehen, be-tragen die niedrigsten bei Naumburg gefundenen Werte 28 mg Chlor im Liter und 9 Härtegrade. Diese Untersuchung stammt aus dem November des Jahres 1903 und ist bei hohem Wasserstande ausgeführt.

Die höchsten gefundenen Werte waren 84 mg Chlor und 21 Härtegrade. Diese Untersuchung stammt aus dem Oktober des Jahres 1911 und ist bei niedrigem Wasserstand ausgeführt. Abgesehen von einer kurz unterhalb der Ilm am linken Saaleufer im Mai 1911 geschöpften Probe weist die am 10. Oktober 1911 bei Naumburg oberhalb der Unstrut entnommene Saalewasserprobe auf der Saalestrecke bis zur Unstrut-mündung die höchste Chlorzahl und die höchste Härte auf.

Zweite Saalestrecke. Durch den Hinzutritt des Unstrutwassers ändert sich das Bild der Versalzung der Saale mit einem Schlage (wegen der Ergebnisse der Untersuchung von Unstrutwasserproben vgl. die Anlagen I und III). Von den 4 zur Verfügung stehenden Untersuchungen des Wassers der Unstrut an ihrer Mündung stammen zwei aus dem Jahre 1903 und zwei aus dem Jahre 1911. Die Beschaffen-heit des Wassers aus dem Jahre 1903 wird man zurzeit nicht mehr als zutreffend ansehen dürfen. Von den beiden Proben von Unstrutwasser aus dem Jahre 1911 wurde die eine im Oktober 1911 bei niedrigstem Niederwasser (0,60 m am Pegel zu Wendelstein U. P.), die andere im Mai bei Niedersommerwasser (1,00 m am Pegel zu Wendelstein U. P.) entnommen; erstere enthielt im Liter 700 mg Chlor bei 64 Grad Gesamthärte, letztere 447 mg Chlor bei 47 Grad Gesamthärte. Da der Wasserstand im Oktober 1911 ein ganz ungewöhnlich niedriger war, wird man auch die dabei ge-fundenen Werte als ganz ungewöhnlich ansehen dürfen. Man wird der Wahrheit nahe kommen, wenn man mit einem mittleren Chlorgehalt des Unstrutwassers an der Mündung von 350 mg im Liter rechnet, welcher Menge ungefähr unter den jetzigen Verhältnissen[1]) 35° Gesamthärte entsprechen werden.

Da die Berichterstatter nur zweimal die Saale befahren konnten, und bei der zweiten Bereisung wegen des niedrigen Wasserstandes die Bereisung schon bei

---

[1]) Vgl. Arbeiten aus dem Kaiserl. Gesundheitsamte, 38. Bd., Fig. 11 auf S. 93.

Weißenfels ihr Ende finden mußte, die Strecke bis Weißenfels von anderen Gut-
achtern aber überhaupt nicht untersucht worden ist, so liegen für die zweite Saalestrecke nur die analytischen Ergebnisse zweier Untersuchungen der Berichterstatter vor.

Bei Niederwasser im Oktober 1911 enthielt darnach das Saalewasser in der
Strommitte, 500 m unterhalb der Unstrutmündung 400 mg Chlor, oberhalb der
Wethaumündung 432 mg Chlor und oberhalb Weißenfels noch 392 mg Chlor im Liter.
In allen drei Proben wurde die Gesamthärte zu 44 Graden bestimmt. Das Unstrut-
wasser selbst führte bei seinem Einfluß in die Saale die hohe Menge von 700 mg
Chlor bei 64⁰ Härte!

Bei dem hohen Wasserstande im Mai 1911 lagen naturgemäß die gefundenen
Werte niedriger. Bei der Hennebrücke, d. h. etwa 1—2 km unterhalb der Unstrutmündung, wurden im Liter Wasser festgestellt 128 mg Chlor bei 16⁰ Härte, etwas
weiter an der Eisenbahnbrücke (Hallesche Fähre) 117 mg Chlor bei 15⁰ Härte, und bei
Uichteritz, d. h. etwa 1$\frac{1}{2}$ km oberhalb Weißenfels 103 mg Chlor bei 14⁰ Härte. Bei
Merseburg (um diese Zahlen hier gleich vorweg zu nehmen) waren die Zahlen (vermutlich infolge anderer salzhaltiger Zuflüsse, z. B. von der Saline Dürrenberg) wieder
auf 135 mg Chlor bei 16⁰ Härte gestiegen.

Bei Weißenfels, bezw. Merseburg beginnt dann derjenige Abschnitt der Saale,
welcher von den Berichterstattern, wie oben erwähnt, wegen Mangel an Zeit nicht
mehr untersucht worden ist. Es liegen für diesen Abschnitt von früher her eine
größere Anzahl von Analysen vor.

Die Betrachtungen über die chemische Zusammensetzung des Wassers am Unter-
lauf der Saale sind deswegen am Platze, weil, wie in der Einleitung gezeigt worden
ist, die Versalzung der Ilm im wesentlichen erst von der Stelle an die Interessen
eines anderen Bundesstaates (Preußen) berührt, an welcher die Ilm in die Saale
mündet. Eine gerechte Würdigung der Bedeutung der durch die Ilm
infolge der Fabrikation in Rastenberg verursachten Versalzung der Saale
wird aber nur möglich sein, wenn man sich die Zustände an der unteren
Saale, wie sie schon vor Eröffnung des Betriebs der Chlorkaliumfabrik
Rastenberg bestanden, in das Gedächtnis zurückruft.

Die hier herangezogenen Untersuchungen entstammen den oben angeführten
Gutachten und den Veröffentlichungen von Regierungsrat Dr. Ohlmüller, Professor
Dr. Vogel und Professor Dr. Kolkwitz und Dr. Ehrlich. Verwendbar sind auch
Angaben aus den Verwaltungsberichten des Bernburger Wasserwerkes[1]) sowie die
Arbeiten, welche die Magdeburger Wasserkalamität zum Gegenstand haben. Anderes
wichtiges Material (die vor dem Gutachten Ohlmüllers liegende Literatur ist
absichtlich nicht berücksichtigt) ist den Berichterstattern nicht bekannt geworden.
Das vorliegende genügt aber zur Charakteristik der Verhältnisse.

Die Zahlen in den entsprechenden Spalten der Anlage IV für den Rest der
zweiten Saalestrecke zeigen, daß sich von Merseburg ab der Gehalt des Saalewassers
an Salzen auch in den früheren Jahren (1903 und 1905) schon auf recht beträcht-

---

[1]) Zitiert nach den im Journal für Gasbeleuchtung und Wasserversorgung veröffentlichten
Auszügen.

licher Höhe bewegte. Die Zahlen für den Trockenrückstand schwanken, je nach Wasserstand und Entnahmestelle, zwischen 550 und 863 mg, für das Chlor zwischen 84 und 266 mg im Liter und für die Härte zwischen 17 und 25°. Dann aber schnellen die Zahlen sprunghaft in die Höhe.

Dritte Saalestrecke. Die dritte Strecke der Saale (nach der oben gegebenen Einteilung) beginnt dort, wo die Schlenze die salzigen Abwässer aus dem Schlüsselstollen in die Saale führt, d. h. bei Friedeburg. Proben, welche über 20 km unterhalb der Schlenzemündung, d. h. oberhalb oder bei Bernburg in den Jahren 1893, 1903 und 1905 entnommen wurden, enthielten Trockenrückstände zwischen 638 und 5342 mg und Chlormengen zwischen 249 und 2706 mg im Liter, während die Härtezahlen sich auf der verhältnismäßig bescheidenen Höhe zwischen 13 und 33 Grad bewegten, je nach den Wasserständen.

Die höchsten Zahlen brachte allerdings die Untersuchung aus dem Jahre 1893 an den Tag. Nach Trockenlegung des salzigen Sees haben sich die Verhältnisse etwas gebessert, immerhin fanden Kolkwitz und Ehrlich im Juli 1905 bei niedrigem Wasserstand in der Saale bei Bernburg noch 882 mg Chlor im Liter bei 26° Härte, und die Berichte des Wasserwerkes Bernburg geben noch für das Berichtsjahr 1905/06 an: Der Salzgehalt des Saalewassers[1]) schwankte zwischen 116 und 2200 mg im Liter. Das wären, auf Chlor gerechnet, 70—1333 mg im Liter.

Unterhalb von Bernburg leiten dann die Deutschen Solvaywerke ihre Abwässer in die Saale ab, so daß bei Nienburg, wo die dritte Saalestrecke endigt, Vogel bei Mittelwasser im Mai 1903 immer noch 675 mg Chlor im Liter feststellen konnte bei einer Gesamthärte von nur 21°.

Vierte Saalestrecke. Bei Nienburg beginnt schließlich mit der Einmündung der Bode die vierte und letzte Strecke der Saale. Die Bode bringt, wie oben erwähnt, große Mengen von Kaliabwässern.

Etwa 7 Kilometer unterhalb der Bodemündung bei Calbe stellten im Juli 1905 bei Niederwasser Kolkwitz und Ehrlich fest, daß das Saalewasser hier einen Trockenrückstand von 2458 mg, einen Chlorgehalt von 938 mg, einen Kalziumgehalt von 169 mg und einen Magnesiumgehalt von 46 mg im Liter besaß. Aus den beiden letzten Zahlen berechnet sich eine Gesamthärte von 34 Grad.

Etwa 20 km weiter abwärts mündet die Saale in der Nähe von Barby in die Elbe.

Elbe. Die Zusammensetzung des Elbwassers wird durch das Saalewasser, wie bekannt, in hohem Grade beeinflußt.

Während das Elbwasser oberhalb der Saalemündung nach den Untersuchungen von Ohlmüller, Vogel und Kolkwitz (vgl. die entsprechende Spalte in Anlage IV) nur einen Trockenrückstand zwischen 135 und 166 mg, einen Chlorgehalt zwischen 9 und 23 mg im Liter und eine Härte von 4—6 Grad aufwies, wurden unterhalb der Saalemündung bei Schönebeck auf der linken Stromseite der Elbe im Liter 498 bis 972 mg Trockenrückstand, 178—905 mg Chlor und 8—19° Härte gefunden, rechts

---

[1]) Es ist augenscheinlich auf Chlornatrium gerechnet worden.

niedrigere Werte. Eingehend ist dann das Elbwasser an den Magdeburger Wasser-
werken untersucht worden, da die Stadt Magdeburg im Interesse ihres Wasserbedarfs,
welchen sie aus dem Flusse decken muß, seit vielen Jahren einen heftigen Kampf
gegen die durch die Saale verursachte Versalzung des Elbwassers führt.

Die Stadt Magdeburg, welche ihr Trinkwasser mittels langsamer Sandfiltration
neuerdings nach dem Verfahren von Puech-Chabal reinigt, entnahm früher ihr
Wasser oberhalb der Stadt auf dem linken Elbufer. Da die Versalzung des Elbwassers auf der linken Stromseite bedeutend höher ist als auf der rechten wegen der
auf dem linken Ufer einmündenden Saale, so wurde die Schöpfstelle für das Wasser-
werk später auf das rechte Elbufer verlegt. Seit dem 1. Juni 1909 ist das Wasser hier
entnommen worden.

Durchschnittlich[1]) betrug der Chlorgehalt des Magdeburger Leitungswassers
vor Verlegung der Schöpfstelle je nach den Elbwasserständen 109 bis 583 mg Chlor,
nach der Verlegung nur 61 bis 293 mg im Liter.

Nach Stahl[2]) betrug der Chlorgehalt des Magdeburger Leitungswassers im
Durchschnitt von 15 Jahren (1893—1908) 545 mg Kochsalz, entsprechend 331 mg
Chlor, die Härte durchschnittlich 15 deutsche Härtegrade. Im Jahre 1907/08
wurde als Mittel 256 mg Chlor im Liter und 15° Härte im Elbwasser bei Magdeburg
gefunden, während die höchsten gefundenen Zahlen 455 mg Chlor im Liter und
23 Härtegrade betrugen. Von den 23 Härtegraden waren 14 durch Kalzium und
9 durch Magnesium bedingt.

Als Schlußfolgerungen lassen sich aus vorstehenden Darlegungen folgende Sätze
aufstellen:

Der natürliche Salzgehalt der Ilm schwankt, je nach den Wasserständen, erheblich. Bei Niederwasser zeigt das Wasser nach den vorliegenden Untersuchungen
schon eine natürliche Verhärtung bis zu 42 Härtegraden an der Mündung bei Großheringen. Die Härte ist etwa zu $^2/_3$ Gipshärte. Die durch Magnesia bedingte natürliche
Härte ist unerheblich. Als größter natürlicher Chlorgehalt des Ilmwassers an seiner
Mündung wurden 121 mg Chlor im Liter festgestellt; der durchschnittliche
natürliche Chlorgehalt bei Großheringen beträgt nach den bei verschiedenen Wasserständen entnommenen Proben 62 mg, bei Mattstedt dagegen nur 25 mg im Liter.
Schon jetzt, d. h. zur Zeit, wo erst etwa 4000 dz, d. i. die Hälfte der Menge
Rohsalz, die in der Chlorkaliumfabrik Rastenberg später zur Verarbeitung gelangen soll (8000 dz), verarbeitet wird, ist die Zunahme der Salze im Ilmwasser beträchtlich. Namentlich gilt dies für die Chloride. Die gelegentlich der regelmäßigen
Kontrollen aus der Ilm entnommenen Wasserproben haben denn auch schon jetzt in
einem großen Prozentsatz der Untersuchungen Chlorwerte aufgewiesen, welche die
einstweilige Konzessionsgrenze von 450 mg Chlor im Liter zum Teil erheblich übersteigen. Dagegen waren Überschreitungen der in den Konzessionsbedingungen ge-

---

[1]) Vergl. Wendel, Untersuchungen des Magdeburger Elb- und Leitungswassers von 1904
bis 1911. Magdeburg (C. E. Klotz) 1911, S. 22.

[2]) Stahl, Zur Wasserversorgung der Stadt Magdeburg. Berlin (Ebering) 1911, S. 18 und
Tabellen IX und X.

gebenen 65 Härtegrade nicht gleich häufig. Die Annahme von 65° Härte scheint, wenigstens für den derzeitigen Fabrikationsbetrieb, zu hoch gegriffen zu sein.

Das Lossawasser hat eine ziemlich beträchtliche, flußabwärts zunehmende natürliche, größtenteils durch Gips bedingte Härte, dabei aber einen niedrigen Chlorgehalt. Es wurden an der Mündung bei Leubingen bis 42 Härtegrade, aber nur bis zu 27 mg Chlor im Liter Lossawasser beobachtet.

Ein erheblicher verdünnender Einfluß höherer Wasserstände auf den Salzgehalt des Lossawassers ist nicht erkennbar, ein Umstand, welcher dieses Flüßchen von vorn herein wenig geeignet zur Aufnahme von salzhaltigen Abwässern erscheinen läßt, wenigstens solcher mit viel härtebildenden Salzen.

Die Saale oberhalb der Ilmmündung ist zurzeit noch ein Fluß mit salzarmem Wasser. Aus den Untersuchungen errechnet sich oberhalb der Ilm ein durchschnitt-licher natürlicher Gehalt von 22 mg Chlor im Liter und eine durchschnittliche Ge-samthärte von 9 Grad. Für die Festsetzung des ursprünglichen Salzgehalts der Saale unterhalb der Ilmmündung fehlt es an analytischen Unterlagen; derselbe läßt sich nur annähernd durch Rechnung ermitteln.

Nach Inbetriebnahme der Chlorkaliumfabrik Rastenberg konnte der Einfluß des versalzenen Ilmwassers sowohl bei höherem Saalewasserstand, wie bei Niederwasser durch die Untersuchung entsprechender Wasserproben verfolgt werden. Bei ersterem war er verhältnismäßig unbedeutend. Der noch völlig unregelmäßige Betrieb der Rastenberger Fabrik läßt ein bestimmtes Urteil über den endgültigen Grad der mittel-baren Einwirkung der Rastenberger Abwässer auf die Beschaffenheit des Saalewassers vom analytischen Standpunkt aus nicht zu.

Durch den Zufluß der Unstrut, dann aber hauptsächlich durch die Zuführung des Schlüsselstollenwassers und durch die von der Bode mitgeführten salzhaltigen Abwässer (von den Versalzungsquellen kleineren Grades abgesehen) werden der Saale aber so große Salzmengen zugeführt, daß dagegen der durch die Ilm einstweilen be-dingte Salzzuwachs zurücktritt.

Die Unstrut erhöht sowohl den Chlorgehalt als auch die Härte des Saalewassers erheblich. Im weiteren Verlaufe der Saale ist es hauptsächlich die starke Belastung des Flußwassers mit Chloriden, welche auffällt, während die Zunahme der Härte gegenüber jenen Stoffen gering ist.

5. Die Wasserführung der Saale, Ilm, Unstrut und Lossa.

1. Allgemeine Angaben.

Das größtenteils dem Gebirgs- und Hügelland angehörige obere Saalegebiet endigt an der Einmündung der Unstrut bei Naumburg. Oberhalb Saalfeld gehört es anfangs dem Urgebirge, sodann dem Schiefergebirge des Frankenwaldes und Thüringerwaldes an, aus dem auch die Ilm stammt. Im Vorland des Gebirges treten die Ränder des Zechsteins und Buntsandsteins der geologischen Mulde des Thüringer Beckens zutage. In den Buntsandstein ist die Saale von Saalfeld ab bis Dornburg eingeschnitten. Mehr oder minder weit vom Flusse zurück gelegen, erhebt sich auf der Buntsandsteinterrasse in steilem Anstieg der Muschelkalk, der zwischen Saale und Ilm eine breite, gegen Norden vom Keuper überlagerte Platte bildet. Jenseits der unteren Ilm bildet das ältere Triasgebirge den schmalen Höhenrücken der Finne und des Düns, den die Unstrut bei Heldrungen durchbricht. Von Dornburg ab fließt die bei Großheringen mit der Ilm vereinigte Saale in einem stark gewundenen Erosionstale des Muschelkalks nach der kesselartigen Talerweiterung bei Naumburg, wo die Unstrut einmündet.

Während die obere Saale von der auf $+$ 728 m Meereshöhe liegenden Quelle bis zur Unstrutmündung 252 km Lauflänge und $2,5\,^0/_{00}$ (1 : 402) mittleres Gefälle besitzt, hat die in konzentrischer Richtung ihr zufließende Ilm von der auf $+$ 744 m Meereshöhe gelegenen Quelle bis zur Mündung rund 127 km Lauflänge und nahezu $5\,^0/_{00}$ (1 : 200) mittleres Gefälle. In runden Zahlen beträgt der Flächeninhalt des Saalegebiets bei der Vereinigung mit der Unstrut, die 6360 qkm Gebietsfläche hinzubringt, nur 5110 qkm und oberhalb der Ilmmündung 4020 qkm, ist also bei Großheringen etwa viermal größer als das 1020 qkm umfassende Ilmgebiet. Die aus dem Thüringerwald und dem südlichen Harz gespeiste Unstrut entwässert hauptsächlich den nördlichen Teil des Thüringer Beckens, vielfach ebenes Gelände. Von ihrer auf $+$ 395 m liegenden Quelle bis zur Einmündung in die Saale hat sie 187 km Lauflänge und etwa $1,6\,^0/_{00}$ (1 : 635) mittleres Gefälle. Noch vor ihrem Durchbruch durch jenen Höhenzug nimmt sie auf ihrer rechten Seite die vom Südhang der Finne herabkommende kleine Lossa auf, deren Gebietsfläche an der Mündung bei Leubingen nicht ganz 410 und bei dem für die Einleitung der Rastenberger Abwässer allenfalls in Betracht kommenden Dorfe Mannstedt sogar nur 70 qkm umfaßt.

Saale und Ilm haben ähnliche Abflußverhältnisse. Da jedoch vom Gebiete der oberen Saale bis zur Ilmmündung ein größerer Anteil als beim Ilmgebiete dem niederschlagsreichen Gebirgsland angehört, so besitzt die Ilm eine verhältnismäßig schwächere Wasserführung. Noch mehr gilt dies für die Unstrut, deren Gebiet größtenteils im Regenschatten des Harzes liegt und so arm an Niederschlägen ist, daß die Wasserführung bedeutend hinter der des beträchtlich kleineren oberen Saalegebiets zurückbleibt. Für die Saale unterhalb der Unstrutmündung und für die untere Unstrut liegen genügend viele zuverlässige Abflußmessungen vor, um die Beziehungen zwischen den Abflußmengen und Wasserständen sicher feststellen zu können. Für die Saale oberhalb der Unstrutmündung waren einige ergänzende Abflußmessungen notwendig. Der hier befindliche Pegel bei Kösen wurde als Ausgangspunkt für die Ermittlung der gegenseitigen Beziehungen der verschiedenen Flußstrecken angenommen.

2. Wasserführung der Ilm bei Mattstedt.

Namentlich zur Ermittlung der Wasserführung der Ilm mußte auf die seit vielen Jahrzehnten regelmäßig und zuverlässig gemachten Wasserstandsbeobachtungen bei Kösen zurückgegriffen werden, weil die Wasserstände der Ilm bis vor kurzem überhaupt nicht und auch in neuester Zeit nur unvollständig beobachtet worden sind. Die Ablesungen an einem bei Großheringen gesetzten Ilmpegel haben sich als unbrauchbar erwiesen. Besser sind trotz zahlreicher Lücken die Beobachtungen an dem im November 1908 errichteten Pegel an der Pochenbrücke beim Dorfe Mattstedt, wo die Endlaugen der Gewerkschaft Rastenberg in die Ilm geleitet werden, deren Niederschlagsgebiet dort 788 qkm Flächeninhalt besitzt. Die zur Beurteilung der Wasserführung viel zu kurze Beobachtungsreihe bei Mattstedt zeigte beim Vergleiche mit den gleichzeitigen Kösener Pegelbeobachtungen einen in der Hauptsache und meistens auch in den Einzelheiten übereinstimmenden Gang der Wasserstandsschwankungen, wenigstens bis zur Ausuferungshöhe. Durchschnittlich gelten, wenn mit P_m die Pegelhöhe bei Mattstedt in Metern am Pegel (M. a. P.) und mit P_k die Pegelhöhe bei Kösen bezeichnet wird, die Beziehungsgleichungen

$$P_m = P_k - 0,87 \text{ und } P_k = P_m + 0,87.$$

Hierdurch ergab sich die Möglichkeit, die für den Kösener Pegel bekannten Mittelwerte und Häufigkeitszahlen des 14 jährigen Zeitraumes 1896/1909 auf den Mattstedter Pegel zu übertragen. Die Übertragung ist mit genügender Genauigkeit zulässig für alle Mittelwerte, die ganz oder vorzugsweise von Wasserständen unter der Ausuferungshöhe abhängen, ebenso für die Häufigkeitszahlen, die bei Kösen in Stufen von je 0,20 m ermittelt worden sind, getrennt für das Winterhalbjahr November/April und Sommerhalbjahr Mai/Oktober sowie für das ganze Jahr. Setzt man die Gesamtzahl der Tage des 14 jährigen Zeitraums (5113 Tage) = 100%, so ergeben sich aus den (nicht mitgeteilten) Summen der Wasserstände, die unter den einzelnen Stufengrenzen bleiben, die Prozentzahlen der Unterschreitungen jeder einzelnen Stufengrenze (Unterschreitungs-Häufigkeit). Dasselbe Verfahren läßt sich auf beide Halbjahre anwenden. Die Angabe in Prozenten ist gewählt, weil sie auch für die Zahl der Arbeitstage zutrifft, die sich auf die einzelnen Häufigkeitsstufen ungefähr in derselben Weise verteilen wie die allen Tagen entsprechenden Zahlen.

In den Jahren 1908 und 1909 sind bei Mattstedt und Großheringen zahlreiche Abflußmessungen ausgeführt worden, die jedoch unrichtige Ergebnisse geliefert haben, weil die mittlere sekundliche Geschwindigkeit falsch bestimmt wurde. Annähernd richtig ermittelt waren dabei die Breite und Tiefe des Querschnitts, also der Flächeninhalt am Tage der Messung. Durch 3 nach der Anleitung des Mitberichterstatters (Keller) vorgenommene genaue Abflußmessungen in der Ilm bei Mattstedt im Jahre 1910 ergaben sich ausreichende Anhaltspunkte, um gesetzmäßige Beziehungen zwischen der Querschnittsfläche, dem Wasserstand und der mittleren sekundlichen Geschwindigkeit für die Ilm bei Mattstedt ableiten zu können, die bis zur Ausuferungshöhe gelten. Auf diese Weise ließen sich außer den 3 genauen noch 11 frühere Abflußmessungen zur Aufzeichnung einer Abflußmengenlinie (Anlage V, Abbild. 1) heranziehen, die in den Grenzen der Wasserstände von + 0,08 m a. P. und — 0,17 m a. P. streng richtig, weiter unterhalb und weiter oberhalb bis zur Ausuferungshöhe + 1,35 m a. P. Mattstedt für den Zweck der Untersuchung genügend genau ist. In der Abbildung sind die den wichtigsten Mittelwerten für den Zeitraum 1896/1909 und dem langjährigen Mittelwasser entsprechenden Abflußmengen vermerkt, wobei die Pegelhöhen a. P. Mattstedt (P_m) aus denen a. P. Kösen (P_k) abgeleitet sind. Tabelle A enthält die zueinander gehörigen Zahlen für die Wasserstände (m a. P.), die Abflußmengen (cbm/sek) und die auf ein Quadratkilometer der 788 qkm großen Gebietsfläche bezogenen Abflußzahlen in Sekundenlitern (sl/qkm).

Tabelle A.

Bordvolle Füllung	MW Winter 1896/1909	MW Jahr 1896/1909	MW Jahr 1830/1909	MW Sommer 1896/1909	MNW Jahr 1896/1909
P_k (m a. P.) = 2,22	1,03	0,92	0,89	0,81	0,52
P_m (m a. P.) = 1,35	0,16	0,05	0,02	0,06	0,35
Q (cbm/sek) = 47,5	7,2	5,4	5,0	3,9	1,1
q (sl/qkm) = 60,3	9,1	6,9	6,3	4,9	1,4

Aus der Tabelle B und der bildlichen Darstellung der Abflußmengendauerlinien (Anlage V, Abbild. 2) gehen die Beziehungen zwischen den Wasserständen a. P. Mattstedt, ihrer für 1896/1909 ermittelten Unterschreitungshäufigkeit und den Abflußmengen der Ilm bei Mattstedt hervor. Beispielsweise zeigt die Tabelle, daß die Pegelhöhe (P_m) — 0,27 m an 6,1 % aller Tage oder der Arbeitstage des Winterhalbjahrs, an 20,6 % aller Tage oder der Arbeitstage des Sommerhalbjahrs, mithin an 13,4 % aller Tage oder der Arbeitstage des Jahres unterschritten worden ist, sowie daß bei dieser niedrigen Pegelhöhe die Abflußmenge rund 1,7 cbm/sek beträgt. Im Gegensatz hierzu ist der hohe, aber doch noch erheblich unter Ausuferungshöhe bleibende Wasserstand 0,93 m a. P. Mattstedt an 95,8 % der Tage des Winterhalbjahrs, 99,2 % der Tage des Sommerhalbjahrs, mithin an 97,5 % der Tage des Jahres unterschritten worden; die zugehörige Abflußmenge beträgt 29,5 cbm/sek.

Tabelle B.

P_m . . .	— 0,27	— 0,07	0,13	0,33	0,53	0,73	0,93	Im ganzen
Winter . .	6,1	30,0	56,5	72,6	84,3	91,6	95,8	100,0 %
Sommer . .	20,6	56,7	78,6	91,0	95,7	98,3	99,2	100,0 %
Jahr . . .	13,4	43,4	67,6	81,8	90,0	95,0	97,5	100,0 %
Q	1,7	3,7	6,7	10,8	15,4	21,3	29,5	cbm/sek

Unter der Pegelhöhe 0,53 m bleibt die Ilm bei Mattstedt an 90,0 % aller Tage, und ihre Wasserführung ist in neun Zehntel jener 14 jährigen Beobachtungszeit geringer als 15,4 cbm/sek. Während des letzten Zehntels wächst aber die Wasserführung zu weit größeren Abflußmengen an, nämlich bei bordvoller Füllung des Flußbetts auf 47,5 cbm/sek und bei ausuferndem Hochwasser bis zu Abflußmengen von einigen Hundert cbm/sek. Im Durchschnittsjahre fließt während eines Zehntels der Zeit nahezu halb soviel Wasser ab wie in den übrigen neun Zehnteln. Die in der Abbild. 2, Anlage V unter der Abflußmengendauerlinie des Jahres liegende Fläche, welche die bis zu 90,0 % aller Tage abfließende Wassermasse verbildlicht, ist etwas mehr als doppelt so groß wie die Fläche unter dem sehr steil ansteigenden, nicht dargestellten Teile jener Linie. Die dem ganzen Jahre mit 31,5 Millionen Sekunden entsprechende Fläche ergibt eine Abflußmasse von 203 Millionen Kubikmeter, so daß im Zeitraum 1896/1909 die mittlere Abflußmenge des Jahres der Ilm bei Mattstedt $\frac{203}{31,5} = 6,46$ cbm/sek betragen hat.

Vergleicht man diesen Betrag mit der in Tabelle A und Abbild. 1 bezeichneten Abflußmenge beim Mittelwasser (0,05 m a. P. Mattstedt) desselben Zeitraums, so zeigt sich, daß die mittlere Abflußmenge des Jahres im Verhältnis von $(6,46-5,4):5,4$ also um $19,6\,^0/_0$ größer als die Abflußmenge bei Mittelwasser ist. In demselben Verhältnis wird die mittlere Abflußmenge für den langen Zeitraum 1830/1909 größer als die Abflußmenge beim langjährigen Mittelwasser (0,02 m a. P. Mattstedt) sein. Diese ist mithin auf $1,196 \cdot 5,0 =$ rund 6 cbm/sek anzunehmen. Im langjährigen Durchschnitt beträgt also die Abflußmenge eines Jahres $6 \cdot 31,5 = 189$ Millionen Kubikmeter, woraus sich für die 788 qkm große Gebietsfläche eine mittlere Abflußhöhe von 240 mm berechnet, d. h. $35,3\,^0/_0$ der 680 mm großen mittleren Niederschlagshöhe.

3. Wasserführung der Ilm (an ihrer Mündung) und der Lossa.

Das 236 qkm umfassende untere Ilmgebiet zwischen Mattstedt und Großheringen. ist niederschlagsärmer und demgemäß auch erheblich abflußärmer; seiner Niederschlagshöhe von 580 mm entspricht eine Abflußhöhe von nur 136 mm. Hieraus folgt, daß für das ganze Gebiet der Ilm an ihrer Mündung (1024 qkm) die Niederschlagshöhe 657 mm und die Abflußhöhe 216 mm beträgt. Zur jährlichen Abflußmasse des ganzen Ilmgebiets (221,2 Millionen Kubikmeter) gehört die mittlere Abflußmenge 7 cbm/sek. Während die Gebietsflächen an der Mündung und bei Mattstedt sich wie $1024 : 788 = 13 : 10$ verhalten, stehen die mittleren Abflußmengen im Verhältnis von $7 : 6$. Man darf annehmen, daß bei allen für die Untersuchung in Betracht kommenden Zuständen der Wasserführung die Abflußmengen der Ilm an ihrer Mündung annähernd im Verhältnis von $7 : 6$ größer als bei Mattstedt sind. Nur bei Hochwasser wird diese einfache Beziehung nicht immer zutreffen.

Die in der Lossa bei Mannstedt 1908 und 1909 bei verschiedenen Wasserständen ausgeführten 5 Abflußmessungen sind mit ähnlichen Fehlern behaftet wie die früheren Messungen bei Mattstedt. Auf Grund einer besonderen Prüfung läßt sich schätzen, daß die wirklichen Abflußmengen etwa $28\,^0/_0$ kleiner sind, als jene Messungen ergeben haben. Bei nahezu bordvoll gefülltem Bette führt der Bach etwa 7,3 cbm/sek, bei niedrigem Wasserstande 0,12 cbm/sek. Das 70 qkm große Niederschlagsgebiet hat demnach Abflußzahlen von 104 sl/qkm bei Hochwasser und 1,7 sl/qkm bei mittlerem Niedrigwasser. Die mittlere Abflußmenge des Jahres ist auf 0,31 cbm/sek und die zugehörige Abflußzahl auf 4,5 sl/qkm anzunehmen. Diese Abflußzahl für das nach der Unstrut entwässernde Bachgebiet stimmt genau überein mit der für das ganze Unstrutgebiet im Zeitraum 1896/1909 gültigen Zahl. Ein so kleiner und abflußarmer Bach erscheint als Vorfluter für die Abwässer einer Kalifabrik durchaus ungeeignet.

4. Zusammensetzung der Wasserführung der Saale unterhalb Naumburg aus der oberen Saale, Ilm und Unstrut.

In der bildlichen Darstellung der Beziehungen zwischen den Pegelhöhen bei Kösen und den Abflußmengen der hier in Betracht kommenden Flußstrecken (Anlage VI, Abbild. 3) bezeichnet S_1 die Saale unterhalb der Unstrutmündung, U die

Unstrut an ihrer Mündung, S_2 die Saale unterhalb der Ilmmündung, I_1 die Ilm bei Mattstedt und I_2 an ihrer Mündung, schließlich S_3 die Saale oberhalb der Ilmmündung. Alle Angaben gelten für den Zeitraum 1896/1909. Die gegenseitigen Beziehungen haben nur im Durchschnitt Gültigkeit, nicht etwa für einzelne Tage, weil die Zusammensetzung einer Abflußmenge S_1 aus der oberen Saale und Unstrut bei Naumburg oder die Zusammensetzung einer Abflußmenge S_2 aus der Saale und Ilm bei Großheringen an einem bestimmten Tage bedeutend von der durchschnittlichen Zusammensetzung abweichen kann, beispielsweise, wenn die Saale Hochwasser führt, von dem die Unstrut oder Ilm nicht betroffen wird. Da zwischen der Ilm- und Unstrutmündung das Saalegebiet nur um 65 qkm zunimmt, gilt S_2 mit genügender Genauigkeit auch für die Saale oberhalb der Unstrutmündung.

Die Abbild. 3 in Anlage VI zeigt, welcher Anteil des Saalewassers unterhalb Naumburg bei den unter Ausuferungshöhe bleibenden Wasserständen durchschnittlich aus der oberen Saale, der Ilm und der Unstrut stammt. Sie lehrt, daß beim niedrigsten Wasserstande N. N. W. die Wasserführung der Unstrut wenig kleiner ist als die der oberen Saale, deren Gebiet aber einen nur $^4/_5$ so großen Flächeninhalt hat. Bei wachsenden Wasserständen nehmen dann jedoch die Abflußmengen der Unstrut viel langsamer als die der oberen Saale zu. Noch rascher ist die Zunahme der bei knapper Wasserführung sehr kleinen Abflußmengen der Ilm, deren Herkunft aus dem Gebirge hierdurch ebenso wie bei der oberen Saale zum Vorschein kommt.

Die Beziehungen zwischen der Unterschreitungs-Häufigkeit der Wasserstände und den Abflußmengen derselben Flußstrecken (Anlage VI, Abbild. 4), dargestellt durch die Abflußmengendauerlinien, verbildlichen zugleich die jährlichen Abflußmassen. In derselben Weise, wie in Abbild. 2 für die Ilm, jedoch mit anderem Maßstab, geben die unter den einzelnen Dauerlinien liegenden Flächen an, wieviel Millionen Kubikmeter im Durchschnittsjahre in 10 %, 20 % bis zu 90 % aller Tage durch die betreffenden Flußstrecken fließen. Wie oben bei der Ilm, so lassen sich auch für die Saale und Unstrut aus den Abflußmengendauerlinien die mittleren Abflußmengen des Jahres für 1896/1909 bestimmen.

5. Beziehungen zwischen Abfluß und Niederschlag der Flußgebiete.

Aus der nachfolgenden Tabelle C kann man die wichtigste Ursache für die verhältnismäßig geringe Wasserführung der Unstrut und die verhältnismäßig große Wasserführung der Saale oberhalb der Ilmmündung erkennen. Die drei ersten Zahlenspalten der Tabelle leiten aus der mittleren Abflußmenge (cbm/sek) und Gebietsfläche (qkm) die sekundliche Abflußzahl (sl/qkm) für jedes Flußgebiet ab. In der folgenden Zahlenspalte stehen die zur Berechnung der mittleren Abflußmenge (cbm/sek) festgestellten jährlichen Abflußmassen (Millionen cbm). Durch Division mit der Gebietsfläche (qkm) erhält man hieraus die mittleren Abflußhöhen (mm), die mit den mittleren Niederschlagshöhen (mm) zu vergleichen sind. Das Ergebnis dieses Vergleichs enthält die letzte Zahlenspalte. Sie zeigt, welcher Anteil des Niederschlags in jedem Flußgebiete zum Abfluß kommt, das Abflußverhältnis (%).

Tabelle C.

Flußgebiet	Mittlere Abflußmenge	Gebietsfläche	Sekundliche Abflußmenge	Jährliche Abflußmasse	Mittlere Abflußhöhe	Mittlere Niederschlagshöhe	Abflußverhältnis
	cbm/sek	qkm	sl/qkm	Mill. cbm	mm	mm	%
Saale oberhalb Ilm (S_3) .	38,5	4020	9,6	1213	332	800	41,5
Ilm (I_2)	7,5	1020	7,3	237	232	670	34,6
Saale oberhalb Unstrut (S_2)	46,0	5110	9,0	1450	284	771	36,8
Unstrut (U)	28,5	8360	4,5	898	141	590	24,3
Saale unterhalb Unstrut (S_1)	74,5	11470	6,5	2348	205	671	30,6

Ordnet man die Abflußhöhen nach der Größe der Niederschläge, so nehmen sie ziemlich regelmäßig mit der Niederschlagsgröße zu. Dabei wächst das Abflußverhältnis mit der wachsenden Niederschlagshöhe, und die sekundlichen Abflußzahlen sind gleichfalls um so größer, je größer der Niederschlag im Flußgebiet ist. Bei weitem am abflußreichsten erweist sich das Saalegebiet oberhalb der Ilmmündung, weil zu ihm die größte Fläche regenreichen Gebirgslandes gehört. Am abflußärmsten ist das zumeist im Regenschatten des Harzes gelegene und deshalb regenarme Unstrutgebiet. Das Ilmgebiet nimmt in bezug auf Abfluß und Niederschlag, ebenso wie in seiner geographischen Lage, eine Mittelstellung zwischen jenen beiden Gebieten ein.

Hieraus kann man die Lehre ziehen, daß die Wasserführung der Ilm nicht lediglich nach derjenigen eines ihrer Nachbarflüsse beurteilt werden darf. Um sie richtig zu überschauen, war die Untersuchung unerläßlich, deren Hauptergebnisse vorstehend mitgeteilt sind. Da namentlich für höhere Wasserstände der Ilm bei Mattstedt die Abflußmengen nur annähernd genau ermittelt werden konnten, so empfiehlt es sich, an der dortigen Pegelstelle und Meßstelle das Flußbett derart auszubauen, daß eine Stetigkeit der Beziehungen zwischen Wasserständen und Abflußmengen sicher gewährleistet wird, ferner einen selbstzeichnenden Pegel zu errichten und seine Wasserstandsangaben durch genaue Abflußmessungen zu eichen. Erst wenn dies geschehen ist, lassen sich einfache Beziehungen zwischen den Pegelhöhen und den Einleitungsmengen der Endlaugen ermitteln, die mit voller Zuverlässigkeit anzugeben gestatten, wieviel Abwasser bei jeder Pegelhöhe eingeleitet werden darf, ohne die angenommene Versalzungsgrenze zu überschreiten.

6. Die Versalzung in Ilm und Saale bei voller Ausnutzung der an die Gewerkschaft Rastenberg vorläufig erteilten Konzession.

1. Zulässige Versalzungsgrenze für die Ilm bei Mattstedt.

Die Gewerkschaft Rastenberg beabsichtigt eine werktägliche Verarbeitung bis zu 8000 dz Rohkarnallit[1]). Die Endlaugen hiervon sollen durch eine eiserne Rohrleitung nach einem Sammelteich an der Pochenbrücke bei Mattstedt gebracht und aus diesem

---

[1]) Vergl. Fußnote auf S. 543.

Teiche in die Ilm eingeleitet werden. Die Einleitung in diesen Vorfluter darf nur in dem Maße erfolgen, daß der Chlorgehalt des Wassers an der Kontrollstation 450 Milligramm im Liter (mg/l) nicht übersteigt, womit eine Verhärtung des Ilmwassers nicht über 65° gewährleistet sein soll. Das der vorläufigen Konzession zugrunde liegende Gutachten hält die Menge des zuzuführenden Chlors für den einzig richtigen Maßstab zur Beurteilung der Verunreinigung der Flüsse durch Kaliendlaugen. Es setzt voraus, daß die Menge der abzulassenden Endlaugen eingeschränkt und nötigenfalls die Tagesverarbeitung des Rohkarnallits unter den Betrag von 8000 dz vermindert wird, wenn die Wasserführung der Ilm bei Mattstedt zu klein ist, um die Versalzungsgrenze 450 mg/l einhalten zu können.

In dem erwähnten Gutachten ist mit einem natürlichen Chlorgehalt des Vorfluters von 50 mg/l gerechnet und die zulässige künstliche Chlorzufuhr auf 400 mg/l bemessen. Bei geringer Wasserführung, sobald die Ilm hauptsächlich aus Quellwasser mit höherem Salzgehalte gespeist wird, hat ihre natürliche Versalzung jenes Maß zuweilen noch etwas übertroffen, war aber nach Abschnitt 4 doch meistens erheblich kleiner. Bei reichlicher Wasserführung, sobald die Ilm größere Mengen von Regenwasser abführt, vermindert sich ihre natürliche Versalzung unter die Hälfte der oben genannten Zahl. In solchen Fällen braucht man aber gewöhnlich auf keine Zurückhaltung von Endlaugen im Sammelteiche Bedacht zu nehmen. Um bei der nachfolgenden Betrachtung so günstig als möglich für die Rastenberger Gewerkschaft zu rechnen, ist die im Vergleiche zur künstlichen Versalzung geringfügige Zunahme des natürlichen Salzgehalts bei knapper Wasserführung nicht berücksichtigt und die mittlere natürliche Versalzung auf 25 mg/l angenommen. Sie geht deshalb von der Annahme aus, daß die künstliche Mehrversalzung der Ilm bei Mattstedt das Maß von 450 — 25 = 425 mg/l nicht übersteigen dürfe.

2. Beziehungen zwischen Mehrversalzung und Wasserführung der Ilm bei Mattstedt.

Einer Tagesverarbeitung von 8000 dz Rohkarnallit entspricht nach dem Gutachten des Reichs-Gesundheitsrats über die Versalzung von Wipper und Unstrut (Arbeiten aus dem Kaiserlichen Gesundheitsamte, Band 38, Seite 7) die Chlormenge $8 \cdot 168{,}6 = 1349$ g/sek. Unter der Voraussetzung, daß die Einleitung der Endlaugen ganz gleichmäßig Tag und Nacht hindurch stattfindet sowie daß für eine sofortige innige Vermischung des Abwassers mit dem Flußwasser gesorgt wird, tritt die konzessionsgemäß zulässige Versalzung ein bei der maßgebenden Ilm-Abflußmenge $1349 : 0{,}425 = 3173$ l/sek = 3,17 cbm/sek. Nach Abbild. 1 in Anlage V gehört zu dieser Abflußmenge der Wasserstand — 0,11 m a. P. Mattstedt, der 5 cm unter dem Mittelwasser des Sommerhalbjahrs liegt. Nach Abbild. 2 wird die entsprechende Wasserführung an 37% aller Tage im Jahre unterschritten, und zwar im Winterhalbjahre nur an 23%, dagegen im Sommerhalbjahr an 51% aller Tage oder Arbeitstage.

Mithin wird im Winter bei nicht ganz einem Viertel, im Sommer bei der Hälfte aller Arbeitstage entweder eine Verminderung der Tagesverarbeitung oder doch eine Einschränkung des gewöhnlichen Betrags der einzuleitenden Endlaugenmenge (entsprechend der maßgebenden Ilm-Abflußmenge 3,17 cbm/sek) erfolgen müssen. Aus der bildlichen Darstellung der Unterschreitungshäufigkeit (Anlage V Abbild. 2) würde man leicht ermitteln können, wie oft im Jahre oder jedem Halbjahr die Einleitungsmenge auf einen bestimmten Bruchteil des gewöhnlichen Betrags herabgesetzt werden muß. Falls die Einschränkung durch Aufspeicherung geschieht, indem die aus der Fabrik gleichmäßig in einen Sammelteich fließende Endlaugenmenge zur Niedrigwasserzeit teilweise im Teiche aufgesammelt wird, so ist bei der auf diese Zeit folgenden Anschwellung des Flusses die aufgespeicherte Abwassermasse allmählich wieder abzulassen. Während dieser Entlastung darf, ohne die Versalzungsgrenze zu verletzen, über den gewöhnlichen Betrag der Einleitungsmenge um ein Mehrfaches hinausgegangen werden, z. B. auf das Doppelte, wenn die Ilm bei Mattstedt $2 \cdot 3{,}17 = 6{,}34$ cbm/sek Wasser abführt. Wie oft das Doppelte, Dreifache usw. eingeleitet werden darf, läßt sich ebenfalls aus jener Darstellung ermitteln.

Aus der mit dem Wachsen der Unterschreitungshäufigkeit sehr schnell erfolgenden Zunahme der Abflußmengen ergibt sich ohne weiteres, daß die Entlastung des Sammelteichs keine Schwierigkeit bereiten kann. Die in 37% aller Arbeitstage des Jahres aufgespeicherten Endlaugen können in kürzerer Zeit abgelassen werden, wozu noch kommt, daß für die Entlastung außerdem die dazwischen liegenden Sonn- und Feiertage benutzbar sind. In mindestens einem Viertel des Jahres braucht man bei höheren Wasserständen der Ilm nur den gewöhnlichen, durch die Verarbeitung von 8000 dz Rohkarnallit erzeugten Abwasserbetrag einzuleiten; dann wird die Versalzungsgrenze 450 mg/l bei weitem nicht erreicht. Schwieriger ist die Rücksichtnahme auf die Innehaltung dieser Grenze bei knapper Wasserführung der Ilm, von welcher die Bemessung des Fassungsraums abhängt, den der Sammelteich erhalten muß.

3. Aufspeicherung im Sammelteiche bei knapper Wasserführung. Notwendige Größe des Fassungsraums.

Wie bei 2 erwähnt, beabsichtigt die Gewerkschaft Rastenberg die Herstellung eines Sammelteichs oberhalb der Pochenbrücke bei Mattstedt, der die zur Trockenzeit nicht sofort abführbaren Endlaugen von 8000 dz Rohkarnallit aufnehmen und für diesen Zweck 6000 cbm Fassungsraum bekommen soll. Eine Verdoppelung dieses Inhalts war zur Aufnahme von Kieserit-Waschwässern vorgesehen, ist aber wieder aufgegeben, weil der Kieserit in anderer Weise behandelt werden soll. Zur Begründung jener Zahl (6000 cbm) ist angenommen worden, die Wasserführung der Ilm sinke im Laufe eines Jahres an 120 Tagen unter das Mittelwasser von 5 cbm/sek und an 60 Tagen unter 3 cbm/sek herab, bei welcher Abflußmenge wöchentlich die durch 8000 dz Rohkarnallit an 6 Arbeitstagen erzeugten Endlaugen vollständig abgeführt werden dürften, nämlich $6 \cdot 400 = 2400$ cbm in 7 Wochentagen. Ferner ist geschätzt worden, während jener 60 Tage betrage die Wasserführung der Ilm durchschnittlich 2,1 cbm/sek. Diese angeblich nach den Beobachtungen in benachbarten ähnlichen Flußgebieten gemachten Annahmen über die Ilm-Wasserführung treffen aber nicht zu, und der Fassungsraum des Sammelteichs ist von der Gewerkschaft Rastenberg zu gering bemessen.

Um ein besseres Bild über den notwendigen Rauminhalt des Sammelteichs zu gewinnen, muß man eine Trockenzeit der Ilm zugrunde legen, bei der auf lange Dauer die der maßgebenden Abflußmenge entsprechende Pegelhöhe — 0,11 m a. P. Mattstedt tatsächlich unterschritten wurde. Durch Vergleich mit den Kösener Pegelständen ergibt sich, daß solche Trockenzeiten im Sommer öfters vorkommen, ganz abgesehen von Ausnahmejahren mit ungewöhnlicher Wasserklemme. Für eine öfters eintretende Trockenzeit liefert das Sommerhalbjahr 1909 ein Beispiel. Es eignet sich für die nähere Betrachtung außerdem deshalb besonders gut, weil gerade für den Sommer 1909 fast lückenlose Beobachtungen der Wasserstände a. P. Mattstedt vorliegen. Dort ist die Pegelhöhe —0,11 m vom 16. Mai bis zum 15. Sept. an 123 Tagen = 17,6 Wochen unterschritten worden. Während dieser 4 Monate hat der Wasserstand durchschnittlich nur — 0,27 m a. P. Mattstedt und die Abflußmenge 1,67 cbm/sek betragen. Statt 400 cbm hätte man täglich nur 211 cbm in die Ilm einleiten dürfen, d. h. im Verhältnis von 1,67:3,17 weniger. Ohne Einschränkung der Tagesverarbeitung wären also in jeder Woche 6 · 400 — 7 · 211 = 923 cbm aufgespeichert worden, also im ganzen 17,6 · 923 = 16245 cbm. Demnach ist die notwendige Größe des Fassungsraums für den Sammelteich auf mindestens 16000 bis 17000 cbm zu bemessen. Durch die Herstellung eines Sammelteiches wird ermöglicht, die beiden Konzessionsbedingungen miteinander in Einklang zu bringen, die sich eines Teils auf die zulässige Tagesverarbeitung, andern Teils auf die Innehaltung einer bestimmten Versalzungsgrenze beziehen. Erfahrungsgemäß ist es vorgekommen, daß ein Kaliwerk sich auf den Standpunkt gestellt hat, die konzessionierte Salzmenge verarbeiten und die anfallenden Endlaugen in den Vorfluter einleiten zu dürfen, ohne Rücksicht darauf, daß bei Niedrigwasser dessen Abflußmenge zu klein war, um die konzessionierte Versalzungsgrenze einhalten zu können. Um gleichzeitig die beiden Konzessionsbedingungen bis zur zulässigen Grenze auszunutzen, dabei aber die erforderliche Rücksicht auf die in der Konzession nicht erwähnte wechselnde Wasserführung des Vorfluters zu wahren, ist die Einschaltung eines Sammelteiches notwendig, dessen Größe in der vorbezeichneten Weise berechnet werden muß. Macht man den Fassungsraum kleiner, so kann eine der beiden Konzessionsbedingungen nicht eingehalten werden. Dann besteht aber die Gefahr, daß die zulässige Tagesverarbeitung voll ausgenutzt und die Versalzungsgrenze überschritten wird.

4. Entlastung des Sammelteichs bei reichlicher Wasserführung.

Dieses Beispiel kann auch als Beleg dafür dienen, daß die Entlastung des Sammelteichs keine Schwierigkeiten bietet. Von Mitte September 1909 ab herrschten ziemlich hohe Wasserstände, die nur gegen Ende Oktober und bis Mitte November nochmals durch Niedrigwasser unterbrochen wurden. Bis zum 18. Oktober hätte man aber bereits (bei 8,7 cbm/sek durchschnittlicher Abflußmenge) jene 16245 cbm Endlaugen ablassen und den Sammelteich für eine neue Aufspeicherung verfügbar machen können. Eine solche wäre im Spätherbst und Winter 1909/10 nur noch einmal bei Kleinwasser auf 15 Tage und mehrfach bei ausuferndem Hochwasser auf wenige Tage nötig geworden. Um kein künstlich versalzenes Wasser auf die über-schwemmten Wiesen gelangen zu lassen, ist es ratsam, beim Übersteigen der Aus-uferungshöhe die Laugeneinleitung zu unterbrechen und schon bei beginnendem Hoch-wasser für stärkere Verdünnung zu sorgen, so daß höchstens das Vierfache des gewöhnlichen Betrags abgelassen wird, wenn die Abflußmenge der Ilm mehr als $4 \cdot 3,17 = 12,68$ cbm/sek beträgt. In jenen 33 Tagen vom 16. Sept. bis 18. Okt. 1909 würden $6/7 \cdot 33 \cdot 400 + 16245 = 27560$ cbm Endlaugen in den Fluß eingeleitet worden sein, der gleichzeitig 24,8 Mill. cbm Wasser abführte und bei der gewöhnlichen Verdünnung, für die das Verhältnis $400 : (3,17 \cdot 86400) = 1 : 685$ gilt, über 36000 cbm Endlaugen hätte aufnehmen können.

In Ausnahmejahren mit noch längerer Trockenzeit wäre ein Fassungsraum des Sammelteichs von 16000 bis 17000 cbm Inhalt zu klein. Dann muß die Gewerk-schaft Rastenberg zeitweise die Tagesverarbeitung vermindern, ebenso wie bei einer solchen Wasserklemme Tausende anderer Gewerbebetriebe zur Einschränkung ihrer Leistungen gezwungen sind. Man denke an den Schiffahrtsbetrieb und an die Wasser-kraftwerke, die nicht nur in Ausnahmejahren, sondern alljährlich zur Niedrigwasserzeit ihre Leistungen einschränken müssen.

5. Mehrversalzung der Ilm an ihrer Mündung.

In der unteren Ilm von Mattstedt bis Großheringen vermehrt sich der Chlor-gehalt des Flußwassers nach Abschnitt 4 um etwa 37 mg/l. Da aber nach Abschnitt 5 bei Großheringen die Abflußmengen durchschnittlich im Verhältnis von $7 : 6$ größer als bei Mattstedt sind, so wird die künstliche Chlorzufuhr in stärkerem Maße verdünnt, als der natürliche Chlorgehalt wächst. Wenn bei 3,17 cbm/sek Abflußmenge 425 mg/l Chlor an der Pochenbrücke eingeleitet worden sind, so verteilt sich diese künstliche Zufuhr bei Großheringen auf $7/6 \cdot 3,17 = 3,70$ cbm/sek Abfluß-menge, entsprechend einer künstlichen Mehrversalzung von $6/7 \cdot 425 = 365$ mg/l Chlorgehalt. Der gesamte Chlorgehalt des Ilmwassers an der Mündung beträgt dann $365 + 25 + 37 = 427$ mg/l, bleibt also unter der durch die vorläufige Konzession zugestandenen Versalzungsgrenze.

6. Mehrversalzung der Saale je nach der Wasserführung.

Zur Ermittelung, wie groß die Einwirkung der künstlichen Mehrversalzung der Ilm bei Mattstedt auf die Saale unterhalb der Ilm- und Unstrutmündung ist, kann man sich der Abbild. 4 in Anlage VI bedienen. Diese gibt an, welche Abflußmengen der Saale durchschnittlich den nach Prozentzahlen der Unterschreitungshäufigkeit auf-getragenen Abflußmengen der Ilm entsprechen. Beispielsweise gehören zu den Ilm-Abflußmengen (cbm/sek) $J_1 = 3,2$ bei Mattstedt und $J_2 = 3,7$ bei Großheringen, die an $37^0/_0$ aller Tage des Jahres unterschritten werden, die Saale-Abflußmengen $S_2 = 30,3$ unterhalb der Ilmmündung und $S_1 = 49,1$ unterhalb der Unstrutmündung. Mithin liefert die Ilm bei Mattstedt einen Beitrag $J_1 : S_2$ von $10,5^0/_0$ zur Saale-Abfluß-menge unterhalb der Ilmmündung, dagegen einen Beitrag $J_1 : S_1$ von nur $6,4^0/_0$ zur

SaaleAbflußmenge unterhalb der Unstrutmündung. Die bei Mattstedt auf 425 mg/l bemessene Chlorzufuhr wird in der Saale unterhalb der Ilmmündung auf 10,5% oder 45 mg/l, dagegen unterhalb der Unstrutmündung auf 6,4% oder 27 mg/l verdünnt. Die nachfolgende Tabelle D enthält die aus jener Abbildung entnommenen, zueinander gehörigen Zahlenwerte für die gegenseitigen Beziehungen der Abflußmengen in neun Zehnteln des Jahres. In den beiden letzten Spalten ist angegeben, um welche Beträge der natürliche oder jetzt bereits vorhandene Chlorgehalt des Saalewassers unterhalb der Ilm- und Unstrutmündung vergrößert wird (Mehrversalzung), wenn künftighin die in Spalte 2 bezeichneten Abflußmengen der Ilm (J_1) eine künstliche Chlorzufuhr von 425 mg/l empfangen.

Tabelle D.

Unterschreitungshäufigkeit %	Abflußmengen (cbm/sek)			Beiträge von I_1		Mehrversalzung	
	I_1	S_2	S_1	zu S_2 %	zu S_1 %	bei S_2 mg/l	bei S_1 mg/l
10	1,5	15	23,5	10,0	5,3	42	23
20	2,0	22	37	9,1	5,4	39 (40 bis 50)	23 (25 bis 35)
30	2,6	27,5	44,5	9,5	5,8	40	25
40	3,4	31,5	52	10,8	6,5	46	28
50	4,3	36	59,5	12,0	7,2	51	31
60	5,5	42	69	13,1	3,0	55 (50 bis 70)	34 (35 bis 45)
70	7,1	51	80,5	13,9	8,8	59	37
80	10,0	64	98,5	15,6	10,1	66	43
90	15,4	92	137	16,7	10,2	71	43

Wie oben nachgewiesen, entspricht der maßgebenden Abflußmenge von rund 3,2 cbm/sek bei Mattstedt die Unterschreitungshäufigkeit 37%. Bei kleineren Abfluß mengen J_1 mit weniger als 37% Unterschreitungshäufigkeit ist der gewöhnliche Betrag der einzuleitenden Endlaugenmenge soweit zu verringern, daß die natürliche Versalzung der Ilm bei Mattstedt nur um 425 mg/l Chlor vergrößert wird. Bei größeren Abflußmengen J_1 mit mehr als 37% Unterschreitungshäufigkeit ist der gewöhnliche Betrag nur soweit zu vermehren, daß ebenfalls höchstens eine Mehrversalzung von 425 mg/l Chlor erfolgt. Wenn die Abflußmenge das Vierfache jener maßgebenden Zahl übertrifft, braucht man die Einleitungsmenge nicht weiter zu steigern, so daß die Mehrversalzung bei Mattstedt unter 425 mg/l zurückbleibt. Es genügt also, die Tabelle bis zu $J_1 = 15,4$ cbm/sek und 90% Unterschreitungshäufigkeit auszudehnen, zumal größere Abflußmengen in der Regel im Winter und Frühjahr eintreten, nachdem die Entlastung des Sammelteichs bereits beendigt ist.

7. Voraussichtliche zukünftige Versalzung der Saale.

Schließlich bedarf noch die Frage der Erwähnung, welches Maß der Chlorgehalt des Saalewassers künftighin annehmen wird, wenn zu seiner natürlichen Höhe die künstliche Chlorzufuhr aus den bei Mattstedt in die Ilm geleiteten Abwässern der Gewerkschaft Rastenberg hinzukommt. Nach Abschnitt 4 ist der natürliche Chlor-

gehalt des Saalewassers unterhalb der Ilmmündung bis oberhalb der Unstrutmündung auf durchschnittlich 16 mg/l bei reichlicher Wasserführung und auf durchschnittlich 44 mg/l bei knapper Wasserführung zu schätzen. Infolge der künstlichen
Mehrversalzung vergrößert er sich um 50 bis 70, also auf 66 bis 86 mg/l Chlor bei
reichlicher Wasserführung und um 40 bis 50, also auf 84 bis 94 mg/l Chlor bei
knapper Wasserführung. Demnach ist eine beträchtliche Zunahme des Salzgehalts
oberhalb der Unstrutmündung zu erwarten, auch wenn die bei der vorläufigen Konzession gestellten Bedingungen genau eingehalten werden.

Der jetzt bereits durch die starke Versalzung des Unstrutwassers künstlich
erhöhte Chlorgehalt des Saalewassers unterhalb der Unstrutmündung beträgt
nach Abschnitt 4 bei reichlicher Wasserführung etwa 130 mg/l und bei knapper
Wasserführung etwa 400 mg/l. Infolge der künstlichen Mehrversalzung, die von den
Rastenberger Abwässern herrührt, ist eine Vergrößerung des Chlorgehalts um 35 bis
45, also bis zu 175 mg/l bei reichlicher Wasserführung und um 25 bis 35, also bis
zu 435 mg/l bei knapper Wasserführung zu erwarten. Hier wird also künftighin die
für das Ilmwasser vorläufig festgesetzte Versalzungsgrenze fast erreicht, auch wenn
keine der vorgeschriebenen Bedingungen bei der Einleitung der Rastenberger Endlaugen verletzt wird. Jede Verletzung der Bedingungen würde bei Niedrigwasser eine
Überschreitung der zulässigen Versalzungsgrenze und bei höheren Wasserständen eine
weitere Vermehrung der ohnehin schon großen Versalzung hervorrufen.

7. Die aus dem Betriebe der Chlorkalium- und Sulfatfabrik Rastenberg entstehende Versalzung der Wasserläufe und die Maßnahmen zur Verhütung von Mißständen.

Wie bereits mehrfach erwähnt wurde, ist der Gewerkschaft Rastenberg in
Rastenberg in Thüringen die vorläufige Genehmigung zur Errichtung einer Chlorkalium-
und Sulfatfabrik erteilt worden. Das der Fabrik zur Verfügung stehende Rohmaterial
ist hauptsächlich Karnallit. Über die Art der Verarbeitung der Rohsalze und die
dabei sich ergebenden Abfallprodukte ist bereits in den beiden früher vom Reichs-
Gesundheitsrat erstatteten Gutachten (Gutachten über die Einleitung von Kaliabwässern
in die Schunter, Oker und Aller, Arbeiten aus dem Kaiserlichen Gesundheitsamte,
25. Bd., S. 259 ff. und Gutachten über die Versalzung der Wipper und Unstrut durch
Endlaugen aus Chlorkaliumfabriken, Arbeiten aus dem Kaiserlichen Gesundheitsamte
38. Bd., S. 1 ff.) das Nähere ausgeführt worden. Es darf an dieser Stelle aus den
dort gemachten Angaben kurz nachstehendes wiederholt und durch einige Bemerkungen
ergänzt werden.

Das als Karnallit bezeichnete Rohmaterial ist gewöhnlich eine Mischung aus
Karnallit (Chlorkalium und Chlormagnesium), Steinsalz und Kieserit (Magnesiumsulfat)
neben einigen wasserunlöslichen Bestandteilen. Um den wertvollen Bestandteil des
Rohsalzes, das Chlorkalium zu gewinnen, müssen die Nebensalze beseitigt werden.
Zu diesem Zwecke wird der aus der Grube geförderte Karnallit zerkleinert und mit
siedender Chlormagnesiumlauge behandelt; die Lösung wird von dem kieserithaltigen
Rückstand getrennt, geklärt und der Kristallisation überlassen. Aus der Mutterlauge

wird durch Eindampfen künstlicher Karnallit gewonnen, welcher ebenfalls auf Chlor-kalium verarbeitet wird. Die zweite Mutterlauge (die sogenannte Ablauge) dient noch zur Gewinnung von Brom und Chlormagnesium. Soweit sie nicht auf Chlor-magnesium verarbeitet wird — und das ist nur in sehr geringem Umfang der Fall — entledigen sich ihrer die Fabriken durch Einführung in die Wasserläufe. Der kieserit-haltige Rückstand (Löserückstand des Rohkarnallits) enthält im wesentlichen Kieserit und Steinsalz. Er bildet das Material zur Herstellung von sogenanntem Blockkieserit. Er wird zu diesem Zweck mit Wasser ausgeschwemmt, wobei anhaftende Salze, ins-besondere Chlornatrium, fortgehen. Dieses sogenannte Kieseritwaschwasser ist daher besonders gekennzeichnet durch seinen Kochsalzgehalt.

Die Zusammensetzung der bei der Chlorkaliumfabrikation entstehenden End-laugen ist in dem „Wippergutachten" eingehend geschildert worden. Als Durchschnitt wurde folgende Beschaffenheit gefunden:

Die Endlauge besitzt bei 15° C ein spezifisches Gewicht von 1,3222 und enthält in 1 Liter im Mittel Gramm:

$$\text{Magnesium (Mg)} \quad . \quad . \quad . \quad 107,6$$
$$\text{Sulfatrest (SO}_4\text{)} \quad . \quad . \quad . \quad 28,26$$
$$\text{Chlor (Cl)} \quad . \quad . \quad . \quad . \quad 291,3$$

Zwei im Gesundheitsamt ausgeführte Analysen von Rastenberger Endlaugen ergaben:

$$\text{Magnesium} \quad 63,9 \quad \text{bezw.} \quad 69,5 \text{ g im Liter,}$$
$$\text{Sulfatrest} \quad 16,97 \quad \text{bezw.} \quad 16,0 \text{ g im Liter,}$$
$$\text{Chlor} \quad 248,2 \quad \text{bezw.} \quad 216,7 \text{ g im Liter}$$

bei einem spezifischen Gewicht von 1,265 bezw. 1,239. Vermutlich waren diese Ab-laugen durch andere Abwässer etwas verdünnt.

Die Zusammensetzung der Kieserit-Waschwässer ist, wie auch aus dem Schunter-Gutachten hervorgeht (vergl. Arb. a. d. Kaiserl. Gesundheitsamte 25. Bd., S. 287) sehr wechselnd. Es wurden dort in einem Liter Kieserit-Waschwasser durchschnittlich gefunden zwischen 4 und 6 g Magnesium, zwischen 5 und 13 g Sulfatrest und zwischen 18 und 139 g Chlor. Zwei vom Gesundheitsamt ausgeführte Analysen von Kieserit-Waschwässern der Rastenberger Fabrik ergaben im Liter Gramm:

$$46,3\,^1) \text{ bezw.} \quad 4,62 \text{ Magnesium,}$$
$$16,7 \quad \text{bezw.} \quad 2,39 \text{ Sulfatrest,}$$
$$169,5 \quad \text{bezw.} \quad 52,61 \text{ Chlor.}$$

Die Menge der bei der Verarbeitung des Karnallits entstehenden Endlaugen wird gewöhnlich zu 50 cbm für je 1000 dz verarbeiteten Karnallits angegeben. Die bei der Kieseritverarbeitung anfallenden Waschwässer sind ihrer Menge nach wechselnder. Es sollen angeblich bei der Verarbeitung von 100 kg Rohkieserit 50 Liter Wasch-wasser entstehen. Die Darstellung von Blockkieserit findet indessen in den Fabriken gewöhnlich nicht täglich statt, sondern sie richtet sich nach dem Bedarf. Schon aus diesem Grunde ist es schwer, mit bestimmten Abwassermengen zu rechnen.

---

¹) Diese Kieserit-Waschwasserprobe war allerdings 2¹/₂ Monat alt und anscheinend durch Eindunsten konzentriert.

Der Kieserit wird an Ort und Stelle zu Kaliumsulfat weiter verarbeitet, er wird zu diesem Zwecke mit heißem Kaliumchlorid behandelt. Die entstehende Doppelverbindung von Kaliumsulfat und Magnesiumsulfat kommt als Kalimagnesia in den Handel und wird weiter mit reinem Chlorkalium behandelt, mit welchem sie sich zu Kaliumsulfat umsetzt. Zu Verlust, d. h. in die Abwässer hinein, geht im wesentlichen auch hier Chlormagnesium. Die Menge des in Rastenberg produzierten Kaliumsulfats soll sich zur Menge des produzierten Chlorkaliums. nach Angabe der Rastenberger Fabrikleitung etwa wie 1 : 7 verhalten. Aus dem Gesagten geht hervor, daß es den Berichterstattern nicht möglich war, in gleicher Weise, wie in früheren Fällen einen genauen Einblick in die Zusammensetzung und Menge der zum Ablauf gelangenden Abwässer zu erhalten, zumal der Fabrikationsbetrieb, wie eingangs erwähnt, einem ständigen Wechsel unterworfen war (vergl. oben Seite 537). Da auch die der Rastenberger Gewerkschaft erteilte Konzession die Menge des zur Verarbeitung gelangenden Rohmaterials nicht berücksichtigt, so lag für die Berichterstatter kein Grund vor, sich mit Art und Menge der Abwässer bei einer bestimmten Produktionsmenge zu befassen, sie haben vielmehr, wie in der Einleitung bereits bemerkt ist, die Konzessionsbedingungen zur Grundlage ihrer Betrachtungen gemacht.

Es war hierfür auch der Umstand bestimmend, daß der Reichs-Gesundheitsrat schon in dem Wippergutachten ausgesprochen hat (vergl. Arb. a. d. Kaiserl. Gesundheitsamte 38. Bd., S. 86 und 106), daß eine scharfe Grenze für die Härte des Flußwassers, bei der, sobald sie überschritten wird, unmittelbar gesundheits- und veterinärpolizeiliche Interessen geschädigt werden, sich nicht aufstellen läßt.

Nach den Ausführungen in den vorangegangenen Kapiteln 4, 5 und 6 würden bei voller Ausnutzung der seitens der Großherzoglich Sächsischen Regierung der Gewerkschaft Rastenberg erteilten Konzession folgende Chlorgehalte in den als Vorflut dienenden Flüssen zu erwarten sein:

1. In der Ilm 450 mg Chlor im Liter.

Die zu diesem Chlorgehalt gehörende Härte wird von Immendorff in seinem Gutachten zu 65 Graden angenommen. Wie im Kapitel 4 erläutert wurde, dürfte diese Annahme zurzeit aber zu hoch sein, die bei einer Versalzung von 450 mg Chlor zu erwartende Härte wird sich vermutlich einstweilen nur auf etwa 45 Grad belaufen. Ungünstigsten Falles wird mit einem Härtezuwachs bis zu etwa 30^0 (-35^0) zu rechnen sein.

2. Für die Lossa ist die zu erwartende Versalzung gar nicht berechnet worden, weil aus verschiedenen, in den Kapiteln 4 und 5 angegebenen Gründen die Lossa als Vorflut für die Abwässer einer Chlorkaliumfabrik sich überhaupt nicht eignet. Es kommt hinzu, daß eine Versalzung der Lossa zu einer im hohen Grade unerwünschten weiteren Versalzung des Unstrutwassers führen würde. Außerdem wäre die starke Versalzung der nur wenig Wasser führenden Lossa deshalb bedenklich, weil ein an diesem Wasserlauf gelegener Ort, nämlich Klein-Neuhausen, gezwungen ist, aus ihm sein Wirtschaftswasser zu entnehmen.

3. Nimmt man als mittleren natürlichen Chlorgehalt der Saale oberhalb der Ilmmündung 22 mg im Liter an (vergl. S. 557), so berechnet sich der mittlere zu

erwartende Chlorgehalt des Saalewassers unterhalb der Ilm unter Berücksichtigung der mittleren Abflußmenge von Ilm und Saale (vergl. S. 563) bei voller
Ausnutzung der Konzession auf $\dfrac{450 \cdot 7,5 + 22 \cdot 38,5}{46} = 92$ mg im Liter oder, wenn
man die Rechnung in anderer Weise durchführt, d. h. bei Annahme eines natürlichen Chlorgehaltes des Saalewassers unterhalb der Ilm von 16 bezw. 44 mg (vergl.
S. 569), auf 66 bis 86 mg bei reichlicher Wasserführung und auf 84 bis 94 mg bei
knapper Wasserführung.

Nimmt man den mittleren Chlorgehalt des Wassers der Unstrut an ihrer
Mündung zu 350 mg im Liter an (vergl. S. 553) und den mittleren Chlorgehalt des
Saalewassers oberhalb der Unstrut (vergl. oben) zu 92 mg, so stellt sich der mittlere
zu erwartende Chlorgehalt des Saalewassers unterhalb der Unstrut nach
völliger Durchmischung auf $\dfrac{350 \cdot 28,5 + 92 \cdot 46}{74,5} = 190$ mg im Liter, oder wenn man
die Rechnung in anderer Weise durchführt (d. h. bei Annahme eines nur durch die
Unstrut beeinflußten Chlorgehalts des Saalewassers von 130 mg bei reichlicher Wasserführung und 400 mg[1]) bei knapper Wasserführung, vergl. S. 554), auf 175 mg bei
reichlicher und 435 mg bei knapper Wasserführung.

Da diese Zahlen nur Näherungswerte sind, so können sie unbedenk-
lich auf 70—100 mg unterhalb der Ilm und 170—450 mg unterhalb der
Unstrut abgerundet werden.

Wenn der in ungünstigem Falle zu erwartende Härtezuwachs im Ilmwasser
30^0 beträgt und die mittlere natürliche Härte der Ilm (vergl. S. 544) 24^0, so würde
die mittlere zu erwartende Verhärtung des Saalewassers unterhalb der
Ilm auf insgesamt $\dfrac{(24 + 30) \cdot 7,5 + 9 \cdot 38,5}{46} = 16,3$ Härtegrade, und unterhalb
der Unstrut auf insgesamt $\dfrac{35 \cdot 28,5 + 16,3 \cdot 46}{74,5} = 23,5$ Härtegrade sich berechnen.
Bei knapper Wasserführung wird die Gesamthärte entsprechend höher sein.

Für weiter unterhalb gelegene Saalestrecken ist die Berechnung im einzelnen
nicht ausgeführt worden, da durch die stark salzhaltigen weiteren Zuflüsse, wie die
Anlage Nr. IV zeigt, die Versalzungsverhältnisse des unteren Saalelaufs sehr unüber-
sichtlich werden. Jedoch ergibt eine überschlägliche Berechnung, daß selbst bei
mittlerem Niedrigwasser weiter unterhalb, z. B. in der Saale bei Bernburg oder in der
Elbe bei Magdeburg, die aus der Rastenberger Chlorkaliumfabrik herrührende Versalzung belanglos sein wird (vergl. den letzten Absatz des 4. Schlußsatzes). Aus den
Angaben der Tabelle IV ist ferner zu entnehmen, daß in früheren Zeiten, als die Ilm
noch gar nicht künstlich versalzen war und die Unstrut bedeutend weniger Kalifabrikabwässer führte, nämlich im Jahre 1903 bei Bernburg gelegentlich ein Chlorgehalt
des Saalewassers von 675 bezw. 1456 mg im Liter beobachtet worden ist, während
die Härtezahl sich auch in diesen Fällen auf mäßiger Höhe (etwa auf 20 Grad) hielt.

---

[1]) Der Gehalt von 400 mg Chlor, der am 10. Oktober 1911 im Saalewasser festgestellt
wurde, war allerdings zum kleinen Teile auch durch die Rastenberger Abwässer bedingt.

Es ergibt sich somit, daß bei Ausnützung der Rastenberger Konzession wie in der Ilm, so auch in der Saale unterhalb der Unstrut selbst bei knapper Wasserführung nur mit einer Versalzung bis zu 450 mg Chlor im Liter zu rechnen ist, einer Chlormenge, welcher nach den zur Zeit der Erstattung des Gutachtens an den in Rede stehenden Flußläufen angetroffenen Verhältnissen ungefähr 45 Härtegrade entsprechen. Der Reichs-Gesundheitsrat hat sich in den Schlußsätzen zu dem „Wippergutachten" auf den Standpunkt gestellt, daß eine gleichmäßige Verhärtung des Wassers dieser Flüsse auf 50^0 zu Bedenken in gesundheitlicher, veterinärpolizeilicher, landwirtschaftlicher und gewerblicher Beziehung keinen Anlaß gibt; in dem vom Reichs-Gesundheitsrat erstatteten „Schuntergutachten" ist sogar eine Verhärtung um $30-35$ Grad und eine Erhöhung des natürlichen Chlorgehalts um 350—400 mg im Liter für zulässig erklärt, so daß sich dort eine statthafte Gesamthärte bis zu 55^0 und eine erlaubte Gesamtchlormenge bis zu 450 mg ergab. Unter der Annahme eines mittleren natürlichen Chlorgehalts der Saale oberhalb der Ilmmündung von 22 mg im Liter und einer mittleren natürlichen Gesamthärte des Wassers daselbst von 9 Graden, würde, wenn dieser letztere Standpunkt des Reichs-Gesundheitsrats auf die vorliegenden Verhältnisse Anwendung fände, eine Verhärtung bis 44 Grad und ein Chlorgehalt bis 433 mg im Liter für zulässig erklärt werden. Diese Zahlen stehen den oben errechneten, im ungünstigsten Falle zu erwartenden Werten sehr nahe. Man könnte hiernach ohne weiteres auf Grund der früher in ähnlichen Fällen vom Reichs-Gesundheitsrat vertretenen Auffassung die an der Ilm und Saale bei voller Ausnützung der Konzession durch die Rastenberger Abwässer zu erwartende Versalzung als duldbar erklären. Indessen empfiehlt es sich, hier noch einmal im allgemeinen die hygienische Bedeutung der Flußverunreinigung durch Kaliabwässer sich zu vergegenwärtigen und namentlich zu prüfen, ob etwa besondere Verhältnisse an der Ilm und Saale die früher bei anderen Flußläufen gezogenen Grenzen im vorliegenden Falle als zu weitgehend erscheinen lassen.

Die Abwässer der Chlorkaliumfabriken sind im wesentlichen hochkonzentrierte Lösungen gewisser Erdalkali- und Alkalisalze, unter welchen das Chlormagnesium und das Chlornatrium überwiegen. Die in Rede stehenden Salze reichen hinsichtlich ihrer verschmutzenden Wirkung lange nicht an diejenigen Substanzen heran, welche z. B. große Städte, gewisse gewerbliche Unternehmungen wie die Papierfabriken, die Zuckerfabriken, die Gerbereien und Lederfabriken den Wasserläufen überantworten. Die Endlaugen der Chlorkaliumfabriken sind anorganischer Natur, sie zersetzen sich nicht, geraten niemals in Fäulnis, veranlassen wahrscheinlich keine oder doch nur sehr geringfügige Fällungen und Ablagerungen und geben daher im allgemeinen zu Geruchsbelästigungen ebensowenig Veranlassung, wie zu einer Beleidigung des Auges. Ob die Zuführung dieser Endlaugen auf die selbstreinigende Wirkung des Flußwassers einen Einfluß hat, ist noch eine offene Frage. Wahrscheinlich sind es hauptsächlich die starken Schwankungen im Salzgehalt, welche hier schädlich wirken können. Größere Mengen der zugeführten Salze machen sich im Geschmacke des Wassers erkennbar. Doch ist die Grenze der durch den Geschmack im Wasser wahrnehmbaren und der nicht mehr erkennbaren Mengen sehr schwer zu bestimmen.

Während z. B. Rubner[1]) für das Chlormagnesium in destilliertem Wasser schon 28 mg im Liter als durch Nachgeschmack wahrnehmbar bezeichnet, erklären andere Forscher wie F. Fischer bei Benutzung von Göttinger Leitungswasser sogar 180 mg im Liter als durch den Geschmack noch nicht sicher feststellbar[2]). Jedenfalls wird sich ein Schwanken der Erkennbarkeit des deutlichen Mißgeschmacks stets bemerkbar machen und damit zugleich auch die Beurteilung des zulässigen Salzgehalts gewissen subjektiven Anschauungen ausgesetzt bleiben. Vielfach wird der Geschmacksveränderung eines Flußwassers vom gesundheitlichen Standpunkt gar keine wesentliche Bedeutung mehr zuzuerkennen sein, weil schon durch das Hineingelangen von krankheitserregenden Kleinwesen und faulenden Stoffen das Wasser für den menschlichen Genuß sich nicht eignet und für Trinkzwecke am besten nicht verwendet wird. Jedenfalls muß es für Sachverständige Verwunderung erregen, wenn öfters davon gesprochen wird, daß eine „ekelerregende", „jeder Beschreibung spottende", die berechtigte Verwendung des Flusses zur Hergabe von Trink- und Brauchwasser schwer schädigende Verschmutzung der Wasserläufe durch die Kaliendlaugen stattfinde.

Eine unmittelbare Benutzung des Saale- und Elbwassers zu Trinkzwecken findet, soviel bekannt, bis Magdeburg nur ganz ausnahmsweise statt. Da, wo dieses Wasser Trinkzwecken dient, muß schon aus Gründen, die mit der Verschmutzung durch Kaliendlaugen nichts zu tun haben, nämlich wegen der Infektionsgefahr, diese Art der Verwendung des Wassers widerraten und ihr möglichst baldiges Aufhören gewünscht werden. Eine schrankenlose Versalzung des Saalewassers wird man aber trotzdem schon deshalb nicht zulassen dürfen, weil Fälle eintreten können, wo man das Flußwasser bei sinkendem Grundwasserstand zur künstlichen Anreicherung des letzteren durch Berieselung braucht (vergl. die Versuche in Frankfurt a. M., in Gotenburg usw.) und weil durch dieses Anreicherungsverfahren die Salze aus dem Flußwasser nicht entfernt werden.

Vielfach klagen die Anwohner der Flüsse darüber, daß durch Eindringen und allmähliche Versickerung des Flußwassers in den Untergrund die in der Nähe gelegenen Brunnen verschlechtert werden. Diese Möglichkeit kann nicht in Abrede gestellt werden. Überall da, wo sich an den Ufern oder am Grunde der Flußläufe durchlässige Stellen finden, wird sich eine Verbindung mit dem benachbarten Grundwasser zeigen. Letzteres kann namentlich leicht durch die aus den Kaliwerken stammenden Salze beeinflußt werden, da es sich hierbei um Verbindungen handelt, die den Boden unbehindert durchdringen. Es wird weiter unten auf die besonderen Verhältnisse, die in dieser Hinsicht an der Ilm, Saale und Elbe herrschen, noch einzugehen sein; hier möge nur erwähnt werden, daß ein hoher Gehalt des Grundwassers an Kochsalz, Kalk- und Magnesiaverbindungen usw. sich oft aus der ursprünglichen Beschaffenheit der Bodenschichten erklären läßt und daß gerade die hier in Betracht kommende Umgebung der Saale, der Elster, der Elbe usw. besonders reich an oberflächlich gelagerten Salzen ist.

---

[1]) Rubner, Vierteljahrschrift f. ger. Med. und öffentl. Sanitätsw. 24. Bd. Suppl.-Heft, S. 82.
[2]) Kraut, „Cum grano salis", Berlin (A. Seydel) 1902, S. 33.

Versalzenes Flußwasser soll nach Angabe mancher Landwirte zum Tränken der Tiere nicht verwertbar sein. Rinder, Schafe, Schweine, wie auch Federvieh (Gänse, Enten, Hühner usw.) sollen durch Genuß von salzigem Wasser geschädigt werden. Versuche, die im Reichs-Gesundheitsamt ausgeführt wurden (vergl. Titze, Arbeiten aus dem Kaiserlichen Gesundheitsamte, 38. Bd., S. 368), sprechen gegen diese Behauptung. Die Darreichung von Wasser mit 60° Härte hat bei Tieren, Schafen und Gänsen, die monatelang ausschließlich oder vorzugsweise ein derartiges Wasser aufgenommen hatten, keine üblen Folgewirkungen hervorgerufen; ebensowenig machten solche sich bemerklich, als Gänse mit Wasser getränkt wurden, das 100, 200, 400 und 500 Härtegrade aufwies. Erst bei der Verabfolgung von Wasser, das überaus große Mengen von Endlaugen (entsprechend 600 Härtegraden) enthielt, haben sich Schädigungen gezeigt. Derartige Mengen von Chlormagnesium kommen bei dem durch die Abwässer der Rastenberger Gewerkschaft verunreinigten Flußwasser nicht in Frage.

Ein weiterer Vorwurf gegen die Endlaugen geht von den Fischern an den solche Abwässer aufnehmenden Flüssen aus. Es soll durch die Kaliabwässer ein erheblicher Rückgang in den Erträgnissen der Fischzucht, ein mehr oder weniger weit-gehendes Absterben der Fische verursacht werden. Ein solcher unmittelbarer Zu-sammenhang zwischen der Abnahme des Fischbestandes und der Einleitung der End-laugen ist jedoch bis jetzt nicht sicher erwiesen. Hofer (vergl. Arbeiten aus dem Kaiserlichen Gesundheitsamte 25. Bd., S. 388 ff.) konnte durch Untersuchungen an der Oker und Schunter feststellen, daß Belastungen fließender Wässer mit Abwässern der Chlorkaliumfabrikation, durch welche die Härte bis 50° ansteigt, für die Flora und Fauna nicht schädlich sind, andererseits hält er unter besonders ungünstigen Verhältnissen (Niedrigwasser) eine direkte Schädigung der Fische für möglich. Er hat ferner einen mittelbaren Zusammenhang zwischen der durch die Kaliabwässer herbeigeführten Abnahme der Fischnahrung und der Verminderung der Fische selbst in den Gewässern festgestellt.

Meist wird jedoch die wohl zweifellos zu beobachtende Abnahme der Fische in den öffentlichen Flußläufen auf die starke Entwicklung der gesamten an den Ufern angesiedelten Industrie und die massenhafte Zunahme der gewerblichen Abwässer überhaupt zurückzuführen sein. Dafür spricht das in jedem Sommer an vielen Flüssen, die überhaupt keine Kaliendlaugen aufnehmen, sichtbare Fischsterben, das einsetzt, sobald erhebliche, namentlich durch Gewitterregen bedingte Niederschläge erfolgen, wenn plötzlich große Mengen von Abwässern sich in das Flußwasser ergießen und einen raschen Verzehr des darin befindlichen Sauerstoffs bewirken.

Gegen die Kaliabwässer werden ferner erhebliche Bedenken von landwirt-schaftlicher Seite geltend gemacht. Das Wachstum der Pflanzen auf Wiesen und Ländereien, die unter der Einwirkung der Kaliabwässer stehen, soll nachteilig beein-flußt werden. Nachdem schon früher Orth (vergl. Arbeiten aus dem Kaiserlichen Gesundheitsamte 25. Band, S. 365) auf diese Möglichkeit hingewiesen, hat in den letzten Jahren mit besonderem Nachdruck der Kanalinspektor Breitenbach in Artern einen derartigen Zusammenhang behauptet und wiederholt betont, daß sich auf dem

Gelände an der Unstrut im Laufe der letzten Jahre eine ausgesprochene „Salzflora" infolge der Berieselung oder Überschwemmung mit kaliendlaugenhaltigem Flußwasser entwickelt habe.

Im vorliegenden Falle hat aber, soweit eine Auskunft des Königlich Preußischen Ministeriums für Landwirtschaft, Domänen und Forsten hat ersehen lassen, von sämtlichen saaleabwärts gelegenen landwirtschaftlichen Betrieben nur das Rittergut Barby Klage über Schädigung der Ertragsfähigkeit der Wiesen nach Überflutung durch Saalewasser erhoben. In der bezüglichen Klage wird lediglich angegeben, daß der Ertrag der Wiesen bedeutend geringer ausfällt, wenn die Überflutung durch Hochwasser der Saale erfolgt, als wenn sie durch das von Kaliabwässern weniger verunreinigte Elbwasser bedingt wird. Außerdem liegen Klagen aus landwirtschaftlichen Kreisen im Unstrutgebiet vor. Da aber bereits oben ausgeführt wurde, daß die Ableitung von Endlaugen nach der in die Unstrut mündenden Lossa für unstatthaft zu erachten ist, so brauchen, wenn eine solche Ableitung nicht genehmigt wird, Schädigungen der landwirtschaftlichen Interessen im Unstrutgebiet nicht befürchtet zu werden. Erwähnt möge übrigens werden, daß in einem von Professor Dr. C. A. Weber in Bremen erstatteten Gutachten über die Wiesen und Weiden der Unstrutniederung zwischen Artern und Memleben die Behauptung vertreten wird, daß in den untersuchten Gebietsabschnitten eine Schädigung durch versalzenes Flußwasser bisher nicht zu erkennen gewesen ist, und daß wirkliche, in dem Pflanzenbestande bemerkte Mängel ausnahmslos auf die Art der Bewässerung, auf die Art und Weise, wie sie gehandhabt wird, oder auf Unzulänglichkeiten anderer Art zurückzuführen sind. Es ist nicht leicht, unter diesen widerstreitenden Ansichten die richtige herauszufinden. Gegen die Breitenbachsche Anschauung spricht, daß sich darnach ein so vollständiger Umschwung, wie ihn die stellenweise beobachtete Bildung einer Salzflora darstellt, im Laufe weniger Jahre in der Pflanzenwelt vollzogen haben soll, während man nach sonstigen Erfahrungen für eine solche Wandlung mindestens mehrere Jahrzehnte voraussetzen müßte; ferner läßt sich dagegen geltend machen, daß an anderen Stellen, die mindestens der gleichen Versalzung ausgesetzt sind, nichts Ähnliches hat wahrgenommen werden können, so beispielsweise an der unteren Saale, die nach dem Einbruch des salzigen Sees bei Oberröblingen in den 80 er und 90 er Jahren des vorigen Jahrhunderts besonders große Mengen von Chloriden abführte, eine solche Veränderung in der Art des Pflanzenwachstums auf den an-liegenden Wiesen aber nicht hervorbrachte. Es wäre zu begrüßen, wenn bei dem Widerstreit der Meinungen unter den Sachverständigen systematische Untersuchungen über die Schädlichkeit Kaliendlaugen führender Flußläufe für die Landwirtschaft von zuständiger Seite veranlaßt würden. Für den vorliegenden Fall kann jedenfalls der Beweis, daß eine Chlormenge bis zu 450 mg im Liter landwirtschaftliche Interessen merklich schädigen wird, nicht als erbracht angesehen werden.

Schließlich beschweren sich eine ganze Reihe anderer Industrien darüber, daß durch die Einleitung der Kalifabrikabwässer in die Flüsse die Brauchbarkeit des Fluß-wassers für ihre Fabrikationsbetriebe erheblich gemindert worden sei. Neben den Beschwerden darüber, daß das versalzene Flußwasser als Kesselspeisewasser unbrauchbar oder mindertauglich sei, liegen noch Klagen der Papierfabriken und der Zuckerfabriken vor.

Was die Frage der Verschlechterung des Wassers zu Kesselspeisezwecken anlangt, so ist sie bereits eingehend in dem Schuntergutachten (Arbeiten aus dem Kaiserl. Gesundheitsamte, Bd. 25, S. 359—364) und in dem Unstrut-Wippergutachten (Arbeiten aus dem Kaiserl. Gesundheitsamte, Bd. 38, S. 74—75) behandelt. Im Auftrage der Kaliindustrie haben im Jahre 1912 Prof. Dr. Vogel-Berlin und Dr. Ing. Schulze-Berlin ein Gutachten erstattet: „Die Einwirkung eines Kaliendlaugen enthaltenden Flußwassers auf Eisen bei gewöhnlicher Temperatur und in der Hitze". In diesem (als Manuskript gedruckten) Gutachten werden die diesbezüglichen Klagen als übertrieben bezeichnet.

Seitens des Vereins Deutscher Papierfabrikanten ist in einer im Mai des Jahres 1911 an den Herrn Reichskanzler gerichteten Eingabe, der im Januar 1912 noch ein Nachtrag folgte, die Benachteiligung der Papierfabriken durch die Ableitung der Endlaugen aus den Chlorkaliumfabriken geschildert worden. Im Anschluß an die wiederholte Hervorhebung der Nachteile und Gefahren für die Dampfkesselbetriebe, Kocher und Verdampfer, Kondensatoren und ähnliche Apparate ist dort besonders darauf hingewiesen, daß die Beschaffenheit des Papiers durch Verwendung salzhaltiger Wässer auf das ungünstigste beeinflußt und verändert werde. Auch soll die Festigkeit und Farbe des Papiers Schaden erleiden.

Auf diese Klagen antwortete der Verein deutscher Kaliinteressenten in Eingaben vom Oktober 1911 und 30. April 1912, ferner mit einem vom Prof. Dr. J. H. Vogel-Berlin bearbeiteten Gutachten: „Der Einfluß von Kaliendlaugen im Fabrikationswasser der Papierfabriken" (März 1912). Es kann nicht Aufgabe des Reichs-Gesundheitsrats sein, in die technischen Einzelheiten dieser Behauptungen und Gegenbehauptungen einzudringen und ihre Berechtigung oder Hinfälligkeit festzustellen. Die Prüfung hierüber muß Spezialsachverständigen auf dem Gebiete der Papierfabrikation vorbehalten bleiben. So weit ein Urteil sich aus den vorliegenden Eingaben und den Äußerungen der Sachverständigen bilden läßt, dürfte eine gleichmäßige Versalzung des Saalewassers bis zu 450 mg Chlor im Liter erhebliche Schädigungen für die Papierfabrikation nicht mit sich bringen.

In dem „Unstrut-Wippergutachten" (Arbeiten aus dem Kaiserl. Gesundheitsamte, Bd. 38, S. 73—74) war auch die Frage erörtert worden, ob und inwieweit Zuckerfabriken in ihrem Betrieb durch die Abwässer der Chlorkaliumfabriken geschädigt würden. Dort war u. a. ausgeführt, daß die Beeinträchtigung der Zuckergewinnung durch Chlormagnesium enthaltendes Flußwasser nicht so hoch eingeschätzt werden dürfe, weil den Zuckerfabriken in den beim Betriebe sich ergebenden Fall-, Kondens- und Brüdenwässern salzfreies Wasser für die Diffusion in hinreichender Menge zur Verfügung stehe, durch dessen Benutzung sie die Härte des Flußwassers ganz erheblich herabsetzen könnten. Auch sei die Verwendung des durch menschliche und tierische Abfälle stark verunreinigten Unstrutwassers zur Herstellung eines Nahrungsmittels wie Zucker nicht sehr appetitlich.

Die deutsche Zuckerindustrie hat dagegen erklärt, daß die Zuckerfabriken auf das Flußwasser nicht verzichten könnten und daß die Gewinnung des Zuckers mit Hilfe selbst eines verunreinigten Flußwassers nicht unappetitlich genannt werden könne in Anbetracht der durchgreifenden Reinigungsverfahren, welche der Zucker bis zu seiner Fertigstellung erfahre.

Den Einwänden der deutschen Zuckerindustrie ist der Verein der deutschen Kaliinteressenten mit einem ausführlichen Gutachten „Der Einfluß von Kaliendlaugen im Brauchwasser der Zuckerfabriken" von Prof. Dr. J. H. Vogel-Berlin vom April 1912 entgegengetreten. Dieses Gutachten kommt zu folgenden Schlußfolgerungen: „Keine Zuckerfabrik ist für diejenigen Arbeiten, bei welchen überhaupt eine Schädigung durch einen mäßigen Gehalt des Frischwassers an Endlaugen in ernste Erwägung gezogen werden kann, d. h., bei welchen das Wasser mit Schnitzeln und Säften in direkte Berührung kommt, auf Frischwasser allein angewiesen. Stets wird man es so einrichten können, daß nur der kleinere Teil der hierzu benötigten Wassermenge aus Frischwasser besteht. Bei Wiederbenutzung des Diffusionsabwassers sinkt der Bedarf an Frischwasser in der Diffusionsbatterie bis auf eine in der Praxis kaum beachtenswerte Menge. Er kann ungünstigstenfalls bis zu einem Siebentel des gesamten Wasserbedarfs betragen". Dieser Ansicht wird seitens der Zuckerindustrie lebhaft widersprochen.

Ebensowenig, wie bei den Klagen der Papierfabrikanten, ist es dem Reichs-Gesundheitsrat möglich, hinsichtlich der von den Zuckerfabriken ausgehenden Beschwerden eine maßgebende Entscheidung zu fällen. Doch darf auch hier angenommen werden, daß eine gleichmäßige Versalzung des Saalewassers bis zu 450 mg Chlor im Liter erhebliche Schädigungen für die Zuckerindustrie nicht mit sich bringt.

Zu prüfen bleibt nunmehr noch übrig, ob etwa infolge besonderer Verhältnisse an der Ilm, Saale und Elbe das Maß der Versalzung, das nach den früheren Begutachtungen des Reichs-Gesundheitsrats bei anderen Flußläufen als duldbar bezeichnet werden kann, im vorliegenden Fall vom hygienischen Standpunkt aus als zu weitgehend erachtet werden muß.

Es kommt zunächst der Einspruch des Otto Wendt in Mattstedt in Betracht, mit dem sich der Gemeindevorstand und Gemeinderat zu Mattstedt einverstanden erklärt haben. Danach sollen durch die zu erwartende starke Versalzung des Ilmwassers die darin lebenden Fische geschädigt werden, das Vieh, welches Ilmwasser säuft, Schaden erleiden und der Pflanzenwuchs am Ilmufer nachteilig beeinflußt werden. Diese Einwände können durch die bereits oben gemachten allgemeinen Ausführungen als erledigt betrachtet werden.

Es liegt ferner ein Einspruch von Louis Österreich und Genossen in Wickerstedt, sowie von dem Gemeindevorstande daselbst vor. Es wird darin Befürchtungen wegen der Schädigung der Fischerei und wegen der Versalzung der Brunnen Ausdruck gegeben. Das Wasser der Ilm werde voraussichtlich zu häuslichen Gebrauchszwecken und zur Viehtränke unbrauchbar werden. Ein Teil auch dieser Einwände findet in dem bereits Gesagten seine Erledigung. Was die Einwirkung des salzhaltigen Ilmwassers auf die Brunnen in Wickerstedt anbelangt, so haben schon Prof. Vogel und Prof. Immendorff in ihren Gutachten darauf hingewiesen, daß ein Zusammenhang zwischen Ilmwasser und den Brunnenwässern in dem Flußgebiet der Ilm sehr unwahrscheinlich ist. Auch die Berichterstatter haben Gelegenheit genommen, am 18. März 1910 an Ort und Stelle die Verhältnisse zu prüfen. Sie sind zu der Überzeugung gekommen, daß ein Zusammenhang zwischen dem Wasser des Gemeindebrunnens in Wickerstedt und dem Ilmwasser nicht besteht, daß der hohe Salzgehalt des Wickerstedter Brunnens vielmehr aus einem schon vorhandenen hohen Salzgehalt des Grundwassers zu erklären ist. Während nämlich der Gehalt des Ilmwassers an Chlor bei Nauendorf 11 mg im Liter betrug, wies das Wasser des Gemeindebrunnens in Wickerstedt einen Chlorgehalt von 293 mg im Liter auf, und dementsprechend waren auch die Ergebnisse der übrigen Analysen.

Schließlich bedürfen noch einer Betrachtung der Einspruch, den der Landrat von Cölleda im Interesse der Ortschaften seines Kreises erhoben hat, sowie der Einspruch des Magistrats der Stadt Magdeburg und die Wasserversorgung der Stadt Bernburg. Dem ersteren Einspruch, der sich hauptsächlich gegen die Einleitung von Kaliendlaugen der Gewerkschaft Rastenberg in die Lossa richtet, wird zugestimmt; es ist bereits oben ausgeführt, daß die Benutzung der Lossa als Vorflut nicht angängig erscheint. Was aber die Beeinflussung des für die Versorgung der Stadt Bernburg benutzten Grundwassers durch das versalzene Saalewasser, sowie die Rückwirkungen auf die Magdeburger Wasserversorgung betrifft, so ist folgendes zu bemerken. Hauptursache der Beeinträchtigung der Bernburger Wasserversorgung sind die Abwässer aus dem Schlüsselstollen der Mansfelder Kupferschiefer bauenden Gewerkschaft. Hierwegen ist schon seit längerer Zeit ein von der Stadt Bernburg angestrengter Rechtsstreit anhängig. Immerhin wird durch die Ableitung der Rastenberger Endlaugen eine wenn auch geringe Steigerung der Mißstände bei der Bernburger Wasserversorgung vielleicht zu erwarten sein. Denn eine gewisse Beeinflussung des Grundwassers durch das Saalewasser ist nicht ohne weiteres von der Hand zu weisen. Nach dem oben (vergl. S. 572) Gesagten, wird dieser Einfluß aber ohne Belang sein. Es darf ferner hervorgehoben werden, daß der Gehalt des Bernburger Leitungswassers an Chloriden sehr beträchtlich, zeitweise sogar bis auf 1000 mg Chlornatrium und darüber im Liter ansteigt. Trotzdem sind Schädigungen der Gesundheit unter der Einwohnerschaft in Bernburg durch den Genuß dieses Wassers bisher nicht beobachtet worden, die Bevölkerung hat sich dem Vernehmen nach an dieses stark salzhaltige Trinkwasser gewöhnt.

Daß sich die Stadt Magdeburg gegen die Verunreinigung des Elbwassers durch die Kaliabwässer, welche der Elbe durch die Saale zugeführt werden, seit Jahren wehrt, ist begreiflich. Die Versalzung der Elbe ist aber mehr den ungemein stark salzhaltigen Abläufen von der Mansfelder Kupferschiefer bauenden Gewerkschaft und der viele salzhaltige Abwässer der Saale zuführenden Bode und Unstrut zuzuschreiben, als den weiter oben einmündenden Zuflüssen. Wesentliche Besserung hat übrigens die Stadt Magdeburg bereits durch die Verlegung der Entnahmestelle für das Rohwasser von der linken auf die rechte Seite der Elbe erreicht, da auf diese Weise der Einfluß der dicht oberhalb der Stadt in die linke Seite der Elbe mündenden Saale in erheblichem Maße ausgeschaltet wurde und namentlich bei Mittelwasser der Elbe nur noch in einem verhältnismäßig bescheidenen Umfange bemerkbar ist. Immerhin entwickelten sich dort in der trockenen Zeit des Jahres 1911 (in den Monaten Juni bis September) wieder sehr unerfreuliche Zustände, so daß es lebhaft zu begrüßen wäre, wenn bald eine durchgreifende Umgestaltung der Wasserversorgung Magdeburgs erfolgte. Denn der dem Magdeburger Leitungswasser anhaftende schlechte Geschmack, der besonders in früheren Zeiten stark bemerkbar war, ist nicht allein auf die salzigen Beimengungen im Elbwasser, sondern in erheblichem Maße auch auf die organischen Verunreinigungen zurückzuführen, welche durch die Abwässer der Zuckerfabriken namentlich zur Betriebszeit im Winter verursacht werden. Sollte es nicht möglich sein, geeignetes Grundwasser für die Stadt Magdeburg zu finden, so wird vielleicht aus dem Harz mit Hilfe einer Talsperre brauchbares Wasser beschafft werden können. Aus allgemeinen Erwägungen hygienischer Natur würde man der Stadt Magdeburg jedenfalls schon jetzt nur empfehlen können, bis zur Erlangung einer besseren Wasserversorgung die derzeitige Entnahmestelle für das Rohwasser der Elbe stromaufwärts oberhalb der Einmündung der Saale zu verlegen, um den Verunreinigungen und Salzen zu entgehen, die gerade dieser Flußlauf aus den zahlreichen industriellen Unternehmungen, die an seinem Ufer im Laufe der Jahre entstanden sind und noch jetzt fortwährend neu entstehen, mitbringt. Da das mittlere Niedrigwasser der Ilm auf 1,1, das mittlere Niedrigwasser der Elbe bei Magdeburg auf 200 cbm/sek anzunehmen ist, so leuchtet ohne weiteres ein, daß die von der Gewerkschaft Rastenberg veranlaßte Versalzung des Ilm- und Saalewassers sich bei Magdeburg nur durch eine ganz geringfügige Steigerung des Chlorgehaltes des Elbewassers bemerkbar machen kann (vergl. hierzu den letzten Absatz des 4. Schlußsatzes).

Bevor die Maßnahmen erörtert werden sollen, welche erforderlich sind, um die Einhaltung der der Rastenberger Gewerkschaft auferlegten Konzessionsbedingungen zu ermöglichen und zu kontrollieren, sei noch mit einigen Worten auf die Frage eingegangen, ob nach dem gegenwärtigen Stande der Wissenschaft und Technik das Ableiten der Endlaugen in die Vorflut die einzig mögliche Lösung der Abwasserfrage der Chlorkaliumfabriken bildet.

Was die Verwertung der hauptsächlich Chlormagnesium enthaltenden Abwässer anbelangt, so spielt die Herstellung von Chlormagnesium im Nebenbetriebe der Chlorkaliumfabriken augenscheinlich nur eine geringe Rolle. Auch der Vorschlag, die chlormagnesiumhaltigen Endlaugen als Staubbekämpfungsmittel auf Straßen anzuwenden (vergl. Weldert, „Bindung von Straßenstaub durch gewerbliche Abwässer“. Vierteljahrschrift für gerichtl. Medizin 1909, Heft 3) scheint von erheblicher praktischer Bedeutung nicht zu sein; die Beförderung der Endlaugen an den Ort des Gebrauchs ist in der Regel zu kostspielig, auch ist die zu diesem Zweck benötigte Menge von Endlaugen gering.

Es bleibt dann noch übrig der alte Vorschlag, die Endlaugen einzudampfen oder die Endlaugen in irgend einer Form für den Bergversatz zu verwerten.

Für die Eindampfung der Endlaugen tritt der Zivilingenieur Kayser in Nürnberg seit einiger Zeit lebhaft ein. Mit dem von ihm konstruierten, nach dem

Prinzip der Honigmannschen feuerlosen Lokomotiven arbeitenden Apparate will er aus dem Steinsalz, das in jedem Kalibergwerk vorzukommen pflegt, Siedesalz um vieles billiger herstellen, als es die Salinen vermögen. Es müßte also mit jeder Chlorkaliumfabrik eine Salzsiederei verbunden werden; der Gewinn, den sie abwirft, soll dazu benutzt werden, um mit einem der bekannten Vakuum-Apparate, z. B. nach Sauerbrey die Eindampfung der Chlorkaliumendlaugen ohne finanzielle Einbuße zu ermöglichen. Es ist sehr zweifelhaft, ob dieses Verfahren praktisch durchführbar und wirtschaftlich nutzbringend sein würde. Der Beweis dafür steht jedenfalls noch aus.

Neuerdings wird die Verfestigung der Endlaugen der Chlorkaliumfabriken unter Benutzung des Mehnerschen Spülversatzes empfohlen (vergl. „Kali", Zeitschr. für Gewinnung, Verarbeitung und Verwertung der Kalisalze 1912, S. 49). Diesem Verfahren liegt nachbezeichneter Gedanke zugrunde:

Die Endlaugen der Chlorkaliumfabriken bestehen außer aus einigen unwesentlichen und wechselnden Bestandteilen noch aus einer wässerigen Chlormagnesiumlösung, die im folgenden als flüssiges Chlormagnesiumsalz bezeichnet werden soll und der chemischen Formel $MgCl_2 + 10\,H_2O$ entspricht.

Außer diesem flüssigen Chlormagnesiumsalz gibt es noch feste Chlormagnesiumsalze, unter anderen das genannte von der Zusammensetzung $MgCl_2 + 4\,H_2O$ und ein anderes $MgCl_2 + 6\,H_2O$, welches das gewöhnlich im Handel vorkommende ist. Beide ziehen Wasser an, das erstere jedoch mit weit größerer Begierde als das letztere. Diese Begierde des sog. Vierersalzes, Wasser anzuziehen, wird bei dem Mehnerschen Verfahren in der Weise benutzt, daß man das Salz mit dem flüssigen Salz (der Endlauge) mischt, wonach es dem letzteren einen Teil des Wassers entzieht. Dadurch verwandelt sich das feste Vierersalz in festes Sechsersalz und flüssiges Zehnersalz in festes Sechsersalz. Man kann nun das Mischungsverhältnis von festem Vierersalz und flüssigem Zehnersalz so wählen, daß das gesamte vorhandene flüssige Zehnersalz zu festem Sechsersalz wird und die ganze Masse abbindet, ähnlich wie Gips oder Zement mit Wasser abbinden.

Prof. Mehner schlägt vor, dem mittels Lauge in die Grube zu spülenden Versatzmaterial, wie Asche, Sand, Fabrikrückstände usw. mindestens so viel Vierersalz beizugeben, wie nach obiger Formel erforderlich ist, um die Lauge später in festes Sechsersalz zu verwandeln. Nach mannigfachen Versuchen sei es gelungen, mit Hilfe eines der Firma Sauerbrey patentierten Vakuumverdampfungsapparats das Salz im großen und mit erschwinglichen Aufwendungen aus der Endlauge selbst herzustellen. Damit sei der Weg für die Einführung des Verfahrens in die Praxis geebnet.

Die Möglichkeit der Verwendung der Mehnerschen Versatzmethode soll durch Versuche im kleinen bewiesen sein.

Demgegenüber wird von anderen Sachverständigen behauptet, daß sich beim Eindampfen bis zum Vierersalz stets Chlorwasserstoff entwickle, welcher die Apparate allmählich zerstöre.

Es ist auch nicht bekannt, daß das Mehnersche Verfahren in größerem Maßstab an irgend einer Stelle bereits praktisch erprobt worden ist. Es möge daher genügen, auf das Verfahren hier hingewiesen zu haben.

Auf die sonstigen Verfahren, mittels deren angeblich die Kaliabwässerfrage gelöst werden kann, einzugehen, dürfte sich erübrigen, da ihre Anwendbarkeit in der Praxis noch stärker bezweifelt werden muß. Nur auf einen Vorschlag sei noch kurz aufmerksam gemacht: Man geht für das Elbegebiet mit dem Gedanken um, die Kaliabwässer aus dem Gebiet der Leine und Aller in einem gemeinsamen Kanal zu sammeln und diesen bis zur unteren Elbe zu führen. Hier sollen die Abwässer in die Tidestrecke der Elbe eingeleitet werden. Den gleichen Plan hat man auch für die Abwässer der im Stromgebiet der Weser liegenden Industrien bereits erwogen. Vom hygienischen Standpunkt aus wäre eine solche Lösung der immer verwickelter sich gestaltenden Schwierigkeiten selbstverständlich lebhaft zu begrüßen. Doch fehlt es bis jetzt noch an genügend sicheren Unterlagen für die Beurteilung, ob eine solche Maßnahme wirklich finanziell und wirtschaftlich durchführbar sein würde. Die Kosten für die Durchführung des genannten Projekts nach der Elbe werden auf 16—30 Millionen Mark veranschlagt.

Damit die von der Großherzoglich Sächsischen Regierung der Gewerkschaft Rastenberg auferlegte Konzessionsbedingung, die Versalzung der Ilm nicht 450 mg Chlor im Liter überschreiten zu lassen, wirklich eingehalten werden kann, ist eine Reihe von Maßnahmen erforderlich, welche in dem Konzessionsbescheide selbst angegeben sind. Ihre Zweckmäßigkeit ist nicht zu bezweifeln. Was die Größe des zu erbauenden Aufhaltebeckens anbelangt, so ist sie oben (vgl. S. 566) für den Fall der täglichen Verarbeitung von 8000 Doppelzentnern Rohkarnallit auf 16—17000 cbm berechnet worden. In dem ursprünglichen Antrage der Gewerkschaft auf Erteilung der Konzession hatte die Gewerkschaft die Absicht ausgesprochen, das bezeichnete Tagesquantum zu verarbeiten. Es sei hier ausdrücklich bemerkt, daß bei der angegebenen Berechnung etwa anfallende Kieseritwaschwässer nicht berücksichtigt worden sind. Denn die Gewerkschaft beabsichtigte nach dem Wittgenschen Verfahren zu arbeiten, bei dem, wie sie erklärte, Kieseritwaschwässer nicht entstehen. Sollten Waschwässer der letzteren Art mit abgeführt werden, so müßte eine entsprechende Vergrößerung des Beckeninhalts vorgenommen werden. Ebenso würde das angegebene Ausmaß des Beckens nicht genügen, falls etwa die Gewerkschaft als Entschädigung für die verweigerte Genehmigung der Ableitung von Endlaugen in die Lossa die Erlaubnis erhielte, eine größere Menge von Endlaugen nach der Ilm abzuleiten.

Um die Einleitung der Abwässer der Rastenberger Fabrik in den Vorfluter wirksam kontrollieren zu können, empfiehlt es sich, an der Ilm unterhalb der Einleitungsstelle für die Endlaugen bei Mattstedt, d. h. dort, wo Abwässer und Flußwasser sich vollständig gemischt haben, einen Apparat aufzustellen, welcher die schwankende elektrische Leitfähigkeit des versalzenen Flußwassers dauernd registriert. Soweit den Berichterstattern bekannt ist, hat sich der von Spitta und Pleißner in den Arbeiten aus dem Kaiserlichen Gesundheitsamte (30. Bd., S. 463 u. 483) beschriebene Apparat an der Wipper zur Kontrolle der dortigen Kaliwerke bewährt. Desgleichen erscheint eine stetige Kontrolle der Wasserführung der Ilm bei Mattstedt durch Beobachtung der Wasserstände und Messung der Abflußmengen erforderlich.

Im übrigen darf auf die Ausführungen der Kapitel 15 („Kontrolleinrichtungen")
und 16 („Maßnahmen zur Verbesserung der Zustände") im Unstrut-Wippergutachten
(Arbeiten aus dem Kaiserl. Gesundheitsamte 38. Bd., S. 88—102) hingewiesen werden.

In dem früheren Gutachten des Reichs-Gesundheitsrats über die Versalzung des
Wassers von Wipper und Unstrut war eine Grenze nur für die Härtegrade gezogen
worden, weil damals lediglich Abwässer von der Karnallitfabrikation in Betracht
kamen, d. h. Abwässer, in welchen das Chlormagnesium der hauptsächlichste
Bestandteil war. Ein gleiches Vorgehen empfiehlt sich im vorliegenden Falle, wo
unter Umständen in den Abwässern neben Chlormagnesium wechselnde Mengen von
Chlornatrium vorkommen werden, nicht. Es erscheint vielmehr zweckmäßig, für die
fortlaufende Kontrolle vorzugsweise den Gehalt des Wassers an Chloriden zu berück-
sichtigen. Da angenommen werden darf, daß mit der Chlorzahl die Abwässer aller
Art, soweit sie hier in Frage kommen, getroffen werden, während bei der Kontrolle
auf Grund nur der Härtegrade z. B. die kochsalzhaltigen Kieseritwaschwässer der
Kontrolle sich entziehen würden, so erscheint es in diesem Falle richtig, als Grenz-
zahl für die Kontrolle vornehmlich die Menge von 450 mg Chlor im Liter Flußwasser
zu benutzen. Damit dürfte gewährleistet sein, daß die Mehrverhärtung nicht mehr
als etwa 30° betragen wird. Eine Steigerung der Härte ohne gleichzeitige Steigerung
des Chlorgehalts im Wasser ist nicht anzunehmen. Trotzdem wird es sich empfehlen,
wenn auch in größeren Zwischenräumen, eine Untersuchung der Härte des Flußwassers
vorzunehmen und dabei getrennt voneinander zu bestimmen: die Magnesiahärte und
die Karbonathärte. Ob es zweckmäßig ist, eine unmittelbare Bestimmung des Chlormagnesiums vorzunehmen, muß so lange dahingestellt bleiben, bis nähere Erfahrungen
über die hierzu vorgeschlagene Methode vorliegen. Wegen der Ausführung der übrigen
Methoden vgl. Arbeiten aus dem Kaiserl. Gesundheitsamte 38. Bd., S. 107.

Schlußsätze.

1. Der Gewerkschaft Rastenberg zu Rastenberg in Thüringen ist unter dem
2. Juni 1909 seitens des Großherzoglich Sächsischen Staatsministeriums in Weimar
als Rekursinstanz die vorläufige Genehmigung zur Errichtung und zum Betrieb einer Chlor-
kalium- und Sulfatfabrik erteilt worden mit der Maßgabe, daß die der Ilm zugeführten
Abwässer der Fabrik den Chlorgehalt des Ilmwassers an der Kontrollstelle nicht über
450 mg Chlor im Liter steigern dürfen, wodurch eine Verhärtung des Ilmwassers nicht
über 65 Härtegrade gewährleistet sein soll. Über den von der genannten Gewerkschaft gleichzeitig gestellten Antrag, die Endlaugen in die Lossa einleiten zu dürfen,
hat das Großherzoglich Sächsische Ministerium die Entscheidung ausgesetzt.

2. Preußischerseits ist dagegen eine Verhärtung des Ilmwassers nur bis zu
45 Grad für zulässig und die Einleitung von Kaliabwässern der Gewerkschaft
Rastenberg in die Lossa überhaupt für unzulässig erachtet worden. Auf Antrag des
Königlich Preußischen Herrn Ministers für Handel und Gewerbe und unter Zu-
stimmung des Großherzoglich Sächsischen Staatsministeriums ist der Reichs-Gesundheitsrat veranlaßt worden, sich gutachtlich über die strittigen Fragen zu äußern.

Daraufhin hat der Reichs-Gesundheitsrat den Tatbestand geprüft und ist zu folgendem Ergebnis gelangt.

3. Bei Einhaltung der Bedingungen, welche bezüglich der Ableitung der Kaliabwässer in die Ilm in der der Gewerkschaft Rastenberg erteilten Konzession gestellt sind, ist zu erwarten, daß das Saalewasser nach Einmündung der Ilm ungefähr 70 mg Chlor bei reichlicher und ungefähr 100 mg Chlor bei knapper Wasserführung im Liter enthalten wird. Ferner ist es wahrscheinlich, daß die Versalzung der Saale nach Einmündung der Unstrut etwa 170 mg Chlor bei reichlicher Wasserführung und etwa 450 mg Chlor im Liter bei knapper Wasserführung nicht überschreiten wird. Voraussichtlich wird also die Versalzung des Saalewassers unterhalb der Unstrutmündung auch unter ungünstigen Verhältnissen keinen höheren Grad annehmen, als er für die Ilm durch die Konzession der Großherzoglich Sächsischen Regierung für zulässig erklärt ist. Eine Berechnung der für die weiter abwärts liegenden Saalestrecken zu erwartenden Versalzung ist als für die vorliegende Frage nicht unmittelbar belangreich unterlassen worden.

4. Eine Zunahme der Versalzung des Saale- wie des Ilmwassers um 425 mg Chlor bis zu einer Höchstgrenze von 450 mg Chlor im Liter kann unter der Voraussetzung, daß die dadurch herbeigeführte Zunahme der Verhärtung 30^0 nicht übersteigt, vom hygienischen Standpunkt aus als duldbar erachtet werden, da das Wasser beider Flüsse als Trinkwasser nicht in Frage kommt, eine schädliche Wirkung der Versalzung beim Tränken von Tieren nach früher angestellten Versuchen erst bei weit höheren Versalzungen wahrnehmbar ist und bei einer Versalzung bis zu 450 mg Chlor, soweit sie nur gleichmäßig ist, auch eine Schädigung der selbstreinigenden Kraft des Flußwassers nicht zu befürchten ist. Das gleiche gilt hinsichtlich der Fischzucht. Auch liegt kein überzeugender Nachweis dafür vor, daß bei der angegebenen Höhe der Versalzung landwirtschaftliche Interessen an der Ilm und Saale gefährdet werden. Ein Urteil darüber, ob die technische Verwendbarkeit des Flußwassers für andere an der Saale gelegene Gewerbebetriebe — an der Ilm kommen solche nicht in Betracht — in einer über das herkömmliche Maß hinausgehenden Weise durch die in Frage stehende Versalzung herabgesetzt und auf diese Weise eine unzulässige wirtschaftliche Schädigung dieser Gewerbebetriebe verursacht wird, vermag der Reichs-Gesundheitsrat zurzeit nicht abzugeben, da die vorliegenden Untersuchungen und Gutachten über das Maß der Versalzung, bei welchem die Schädigungen unerträglich werden, eine ausreichende Grundlage für die Beurteilung dieser Frage noch nicht bieten.

Eine Beeinflussung des nahe der Ilm gelegenen Gemeindebrunnens in Wickerstedt durch Ilmwasser hat sich nicht nachweisen lassen.

Was die Frage der Schädigung der Wasserversorgung der Städte Bernburg und Magdeburg durch das Wasser der Saale und Elbe anlangt, so ist dabei folgendes zu bedenken:

Für mittleres Niedrigwasser sind die Abflußmengen der Ilm bei Mattstedt auf 1,1 cbm/sek., der Saale bei Bernburg auf 40,0 cbm/sek., der Elbe bei Magdeburg auf 200 cbm/sek. anzunehmen. Die bei Einhaltung der Konzession der Rastenberger

Gewerkschaft zu erwartende Mehrversalzung der Ilm bei Mattstedt um 425 mg Chlor im Liter würde demnach zur Niedrigwasserzeit eine Mehrversalzung der Saale bei Bernburg um 11,7 und der Elbe bei Magdeburg um rund 2,3 mg Chlor im Liter verursachen. Dieser Zuwachs ist in beiden Fällen als belanglos anzusehen.

5. Was die Maßnahmen anbelangt, welche getroffen werden müssen, um die Einhaltung der Konzessionsbedingungen zu gewährleisten, so sind die dafür in dem Konzessionsbescheide gegebenen Bestimmungen im allgemeinen zweckmäßig. Nur müssen, wenn die Versalzung des Ilmwassers die konzessionsmäßige Grenze von 450 mg Chlor im Liter auch bei knapper Wasserführung nicht übersteigen soll, bei einer von der Gewerkschaft Rastenberg beabsichtigten täglichen Verarbeitung von 8000 dz Karnallit Aufhaltebecken angelegt werden, in welchen mindestens 16- bis 17 000 cbm Endlauge gespeichert werden können. Sollten daneben noch Kieseritwaschwässer zur Ableitung gelangen, so müßten die Aufhaltebecken eine der Menge dieser Waschwässer Rechnung tragende Vergrößerung erfahren.

Der Ablauf der Endlaugen muß so geregelt werden, daß die Endlaugenmengen sich gleichmäßig über die ganze Zeit verteilen und im richtigen Verhältnis zur jeweiligen Wasserführung der Vorflut stehen. Dies wird sich erreichen lassen durch Aufstellung eines geeigneten wirksamen Abflußregulators. Ferner ist Wert darauf zu legen, daß Einrichtungen getroffen werden, um den Salzgehalt des Ilmwassers dauernd selbsttätig zu registrieren; als Maßstab bei der Kontrolle kann im allgemeinen die Zahl von 450 mg Chlor im Liter Wasser dienen. Geboten scheint auch eine stetige Kontrolle der Wasserführung der Ilm bei Mattstedt durch Beobachtung der Wasserstände und Messung der Abflußmengen.

6. Der Reichs-Gesundheitsrat glaubt von der beantragten gutachtlichen Äußerung über die Duldbarkeit der Ableitung von Kaliabwässern nach der Lossa Abstand nehmen zu dürfen, nachdem der Vertreter der Großherzoglich Sächsischen Regierung die Erklärung abgegeben hat, daß die Erteilung einer Genehmigung zur Ableitung von Endlaugen nach der Lossa an die Gewerkschaft Rastenberg zurzeit nicht mehr beabsichtigt ist.

Übersichtstabelle über die Ergebnisse aller an Ilm, Lossa (Unstrut)
chemischen Flußwasser-

1. Untersuchungen der unteren Saale (und der Unstrut) aus den Jahren 1893, 1897, 1903 und 1905,
Dr. Pfeiffer, Professor Dr. Immendorff und Professor

Für die Saalewasserstände sind die Angaben des Pegels zu Kösen, für die Wasserstände der

Ordnungsnummer	Entnahmestelle	Untersuchung vom Mai/Juni 1893 (K.G.A.)							Untersuchung		
		Pegelstand	1 Liter Wasser enthält Milligr.					Gesamt-härtegrade	Pegelstand	1 Liter	
			Rück-stand	$\times$ SO$_4$	Cl	O Ca	□ Mg			Rück-stand	SO$_4$
			(Vergl. Arbeiten a. d. K.G.A. 12. Bd. S. 305—306.)						(Analysen aus Dr. Pfeiffer-genommene		
1	**Saale** oberhalb der Ilmmündung . .		—	—	—	—	—	—	—	—	
2	**Ilm** oberhalb Hetschburg		—	—	—	—	—	—	320	—	
3	„ bei Mellingen		—	—	—	—	—	—	371	—	
4	„ „ Weimar (im Park)		—	—	—	—	—	—	711	—	
5	„ unterhalb Weimar		—	—	—	—	—	—	644	—	
13	„ oberhalb Sulza (Saline)		—	—	—	—	—	—	—	—	
14	„ unterhalb Sulza		—	—	—	—	—	—	—	—	
15	„ vor ihrer Mündung bei Großheringen		—	—	—	—	—	—	—	—	
21	**Saale** unterhalb der Ilm oberhalb der Unstrut bei Naumburg		—	—	—	—	—	—	—	—	
34	**Unstrut** vor ihrer Mündung		—	—	—	—	—	—	—	—	
43	**Saale** oberhalb Weißenfels		—	—	—	—	—	—	—	—	
44	„ „ Rippachmündung . .		—	—	—	—	—	—	—	—	
45	„ „ Saline Dürrenberg . .		—	—	—	—	—	—	—	—	
47	„ bei Merseburg		—	—	—	—	—	—	—	—	
48	„ oberhalb der Elstermündung . .	863	230	136	116	23	22		—	—	
49	„ unterhalb der Elster oberhalb Halle	M 754	M 222	M 148	M 105	M 27	M 21		—	—	
50	**Saale** oberhalb Wettin oder bei Dobis	765	224	145	100	18	18		—	—	
51	„ „ bzw. bei Bernburg . .	M 5342	376	M 2706	M 181	M 34	M 33		—	—	
52	„ unterhalb Bernburg	—	—	—	—	—	—		—	—	
53	„ oberhalb Nienburg	M 4823	M 364	M 2393	M 181	M 33	M 33		—	—	
54	„ „ bzw. bei Calbe . . .	—	—	—	—	—	—		—	—	
55	**Elbe** oberhalb der Saalemündung (bei Tochheim)	165	25	9	19	5	4		—	—	
56	Elbe oberhalb bzw. unterhalb Schönebeck links	919	105	411	37	13	8		—	—	
	rechts	—	—	—	—	—	—		—	—	
57	Elbe am Magdeburger Wasserwerk linke Stromseite	—	—	—	—	—	—		—	—	
	rechte Stromseite	—	—	—	—	—	—		—	—	

Abkürzungen in den Tabellen:

Rückstand = Trockenrückstand (gewöhnlich bei 110° bestimmt).
SO$_4$ = Sulfat-Ion.
Cl = Chlor-Ion.
Ca = Kalzium-Ion.
Mg = Magnesium-Ion.

Anlage I.

und Saale ausgeführten, für das vorliegende Gutachten benutzbaren untersuchungen.

ausgeführt vom Kaiserlichen Gesundheitsamte, Professor Dr. Gärtner und Professor Dr. Vogel, Professor Dr. Kolkwitz und Dr. Ehrlich.

Unstrut die Angaben des Pegels zu Wendelstein U. P. in die Analysentabellen eingetragen worden.

dem Gutachten der Herren Professoren Dr. Gärtner und Jena vom 10. August 1898, betreffend die in Aussicht Ableitung salzhaltiger Abwässer in die Unstrut resp. Ilm.)

(Analysen ausgeführt auf Veranlassung von Professor Dr. Immendorff [vergl. sein Gutachten S. 21].)

vom Juli 1897				Untersuchung vom Oktober 1897							Untersuchung vom Jahre (Datum fehlt) 1903						
Wasser enthält Milligr.			Gesamt-härtegrade	Pegelstand	1 Liter Wasser enthält Milligr.					Gesamt-härtegrade	Pegelstand	1 Liter Wasser enthält Milligr.					Gesamt-härtegrade
Cl	○ Ca	□ Mg			Rück-stand	SO_4	Cl	○ Ca	□ Mg			Rück-stand	× SO_4	Cl	○ Ca	□ Mg	
—	—	—	—	Pegel zu Kösen am 15. Oktober 1,08 m	—	—	—	—	—	—		—	—	—	—	—	—
14	97	16	17		—	—	—	—	—	—		—	—	—	—	—	—
16	80	19	16		—	—	—	—	—	—		—	—	—	—	—	—
14	157	26	28		—	—	—	—	—	—		—	—	—	—	—	—
15	188	—	—		—	—	—	—	—	—		M 364	M 278	M 10	M 82	M 11	M 14
—	—	—	—		488	—	35	95	24	19		—	—	—	—	—	—
—	—	—	—		480	—	42	106	27	21		—	—	—	—	—	—
—	—	—	—		530	—	43	126	28	24		—	—	—	—	—	—
—	—	—	—		—	—	—	—	—	—		—	—	—	—	—	—
—	—	—	—		—	—	—	—	—	—		—	—	—	—	—	—
—	—	—	—		—	—	—	—	—	—		—	—	—	—	—	—
—	—	—	—		—	—	—	—	—	—		—	—	—	—	—	—
—	—	—	—		—	—	—	—	—	—		—	—	—	—	—	—
—	—	—	—		—	—	—	—	—	—		—	—	—	—	—	—
—	—	—	—		—	—	—	—	—	—		—	—	—	—	—	—
—	—	—	—		—	—	—	—	—	—		—	—	—	—	—	—
—	—	—	—		—	—	—	—	—	—		—	—	—	—	—	—
—	—	—	—		—	—	—	—	—	—		—	—	—	—	—	—
—	—	—	—		—	—	—	—	—	—		—	—	—	—	—	—
—	—	—	—		—	—	—	—	—	—		—	—	—	—	—	—
—	—	—	—		—	—	—	—	—	—		—	—	—	—	—	—
—	—	—	—		—	—	—	—	—	—		—	—	—	—	—	—
—	—	—	—		—	—	—	—	—	—		—	—	—	—	—	—
—	—	—	—		—	—	—	—	—	—		—	—	—	—	—	—

O verbr. mg = Sauerstoffverbrauch von 1 Liter Wasser in mg bei (gewöhnlich 10 Minuten langem) Kochen in schwefelsaurer Lösung mit übermangansaurem Kali.

M = Mischzahl aus „links" („Mitte"), „rechts" oder mehreren Analysen der an gleicher Stelle geschöpften Proben in abgerundeten Zahlen.

× = Aus SO_3 umgerechnet in abgerundeten Zahlen.

○ = „ CaO „ „ „ „

□ = „ MgO „ „ „ „

K.G.A. = Kaiserliches Gesundheitsamt.

Ordnungsnummer	Entnahmestelle	Pegelstand	1 Liter Wasser enthält Milligr.					Gesamthärtegrade	Pegelstand	1 Liter	
			Rückstand	SO_4	Cl	○ Ca	□ Mg			Rückstand	SO_4
		Untersuchung vom 15.—17. Mai 1903							Untersuchung …tember		

(Analysen ausgeführt von Professor Dr. Vogel … Stadt Magdeburg gegen die Mansfeldsche Kupfer- … Dezember 1904

Nr.	Entnahmestelle	Pegelstand (Mai)	Rückstand	SO_4	Cl	○ Ca	□ Mg	Gesamthärtegrade	Pegelstand (Sept.)	Rückstand	SO_4
1	**Saale** oberhalb der Ilmmündung		—	—	—	—	—	—		—	—
2	**Ilm** oberhalb Hetschburg		—	—	—	—	—	—		—	—
3	„ bei Mellingen		—	—	—	—	—	—		—	—
4	„ „ Weimar (im Park)		—	—	—	—	—	—		—	—
5	„ unterhalb Weimar		—	—	—	—	—	—		—	—
13	„ oberhalb Sulza (Saline)		—	—	—	—	—	—		—	—
14	„ unterhalb Sulza		—	—	—	—	—	—		—	—
15	„ vor ihrer Mündung bei Großheringen		—	—	—	—	—	—		—	—
21	**Saale** unterhalb der Ilm oberhalb der Unstrut bei Naumburg		—	—	—	—	—	—		505	—
34	**Unstrut** vor ihrer Mündung		—	—	—	—	—	—		1300	—
43	**Saale** oberhalb Weißenfels		—	—	—	—	—	—		973	—
44	„ „ Rippachmündung		M 588	—	M 151	M 112	M 21	M 20		—	—
45	„ „ Saline Dürrenberg		608	—	160	116	20	21		—	—
47	„ bei Merseburg		628	—	142	116	37	25		—	—
48	„ oberhalb der Elstermündung		600	—	124	106	19	19		—	—
49	„ unterhalb der Elster oberhalb Halle		546	—	142	102	18	18		—	—
50	Saale oberhalb Wettin oder bei Dobis		566	—	142	103	19	19		—	—
51	„ „ bzw. bei Bernburg		1470	–	675	106	22	20		—	—
52	„ unterhalb Bernburg		1213	—	497	106	20	19		—	—
53	„ oberhalb Nienburg		1435	—	675	111	22	21		—	—
54	„ „ bzw. bei Calbe		—	—	—	—	—	—		—	—
55	**Elbe** oberhalb der Saalemündung (bei Tochheim)		—	—	—	—	—	—		—	—
56	Elbe oberhalb bzw. unterhalb Schönebeck links		—	—	—	—	—	—		—	—
	rechts		—	—	—	—	—	—		—	—
57	**Elbe** am Magdeburger Wasserwerk linke Stromseite		560	—	192	43	16	10		—	—
	rechte Stromseite		328	—	96	39	10	8		—	—

Pegelstand (Mai): Pegel zu Kösen am 15., 16. und 17. Mai: 0,90 — 0,83 — 0,79 m.
Pegelstand (Sept.): Pegel zu Kösen am 15., 16. und 17. September: 0,79 — 0,82 — 0,81 m.

2. Untersuchungen der Ilm, Lossa und Saale aus den Jahren 1907 und 1908, ausgeführt

Ordnungsnummer	Entnahmestelle	Pegelstand	1 Liter Wasser enthält Milligr.					Gesamthärtegrade	Pegelstand	1 Liter	
			Rückstand	× SO_4	Cl	○ Ca	□ Mg			Rückstand	× SO_4
		Untersuchung vom 23. Januar 1907							Untersuchung		
1	**Saale** oberhalb der Ilmmündung	—	—	—	—	—	—	—		—	—
16	„ gegenüber der Ilmmündung		195	(133)¹) 13	14	36	5	6		—	—
6—7	**Ilm** bei bzw. unterhalb Mattstedt		380	(151)¹) 31	29	93	17	17		M 991	M 445

¹) Zahlen wahrscheinlich infolge Druckfehlers in der Tabelle auf S. 9 des Vogelschen Gutachtens

[vergl. dessen drittes Nachtragsgutachten in Sachen der schiefer bauende Gewerkschaft in Eisleben und Genossen, S. 39 u. ff.].)

vom 15.—17. Sep 1903				Untersuchung vom 23.—26. November 1903							Untersuchung vom 22.—25. Juli 1905						
Cl	○ Ca	□ Mg	Gesamt-härtegrade	Pegelstand	Rückstand	SO_4	Cl	○ Ca	□ Mg	Gesamt-härtegrade	Pegelstand	Rückstand	SO_4	Cl	○ Ca	□ Mg	Gesamt-härtegrade
—	—	—	—	Pegel zu Kösen am 23.—26. November: 1,20 — 1,29 — 1,46 — 1,54 m	—	—	—	—	—	—	Pegel zu Kösen am 22.—25. Juli 1905: 0,52 — 0,49 — 0,51 — 0,50 m	—	—	—	—	—	—
—	—	—	—		—	—	—	—	—	—		—	—	—	—	—	—
—	—	—	—		—	—	—	—	—	—		—	—	—	—	—	—
—	—	—	—		—	—	—	—	—	—		—	—	—	—	—	—
—	—	—	—		—	—	—	—	—	—		—	—	—	—	—	—
—	—	—	—		—	—	—	—	—	—		—	—	—	—	—	—
—	—	—	—		—	—	—	—	—	—		—	—	—	—	—	—
—	—	—	—		—	—	—	—	—	—		—	—	—	—	—	—
50	100	19	19		220	—	28	45	10	9		—	—	—	—	—	—
252	218	35	39		1003	—	156	177	28	31		—	—	—	—	—	—
178	164	27	29		570	—	84	99	18	18		—	—	—	—	—	—
—	—	—	—		—	—	—	—	—	—		—	—	—	—	—	—
—	—	—	—		560	—	98	100	18	18		—	—	—	—	—	—
231	—	—	—		550	—	98	93	17	17		—	—	—	—	—	—
249	—	—	—		—	—	—	—	—	—		—	—	—	—	—	—
—	—	—	—		—	—	—	—	—	—		789	—	121	122	23	22
266	—	—	—		525	—	84	88	19	17		856	—	158	112	31	23
1456	—	—	—		638	—	249	70	14	13		2170	—	882	123	37	26
—	—	—	—		635	—	231	68	15	13		—	—	—	—	—	—
1456	—	—	—		690	—	249	77	14	14		—	—	—	—	—	—
1065	—	—	—		—	—	—	—	—	—		2458	—	938	169	46	34
M 23	—	—	—		135	—	14	18	5	4		166	—	15	32	6	6
905	—	—	—		498	—	178	46	14	10		972	—	333	89	28	19
284	—	—	—		195	—	36	27	7	5		—	—	70	—	—	—
843	—	—	—		468	—	170	45	15	10		—	—	—	—	—	—
337	—	—	—		295	—	92	36	9	7		—	—	—	—	—	—

von Professor Dr. Vogel (23. Januar und 15. November) und Professor Dr. Immendorff.

vom 13. November 1907				Untersuchung vom 15. November 1907							Untersuchung vom 29. November 1907						
Cl	○ Ca	□ Mg	Gesamt-härtegrade	Pegelstand	Rückstand	× SO_4	Cl	○ Ca	□ Mg	Gesamt-härtegrade	Pegelstand	Rückstand	× SO_4	Cl	○ Ca	□ Mg	Gesamt-härtegrade
—	—	—	—		—	—	—	—	—	—		—	—	—	—	—	—
M 24	M 231	M 35	M 40		—	—	—	—	—	—		M 943	M 385	M 60	M 212	M 34	M 38

unrichtig. Die mutmaßlich richtigen umgerechneten Zahlen sind in Klammern darüber geschrieben.

Ordnungsnummer	Entnahmestelle	Untersuchung vom 23. Januar 1907							Untersuchung		
		Pegelstand	1 Liter Wasser enthält Milligr.					Gesamt-härtegrade	Pegelstand	1 Liter	
			Rück-stand	×SO$_4$	Cl	○ Ca	□ Mg			Rück-stand	×SO$_4$
8	**Ilm** bei Nauendorf	Pegel zu Wendelstein U. P. 1,90 m. — Pegel zu Kösen 1,23 m (Eisstand).	—	—	—	—	—	—	Pegel zu Wendelstein U. P. 1,00 m. — Pegel zu Kösen 0,51 m.	—	—
9	„ „ Wickerstedt		—	—	—	—	—	—		—	—
10	„ „ Obertrebra		—	—	—	—	—	—		—	—
11	„ „ Eberstedt		—	—	—	—	—	—		M 1012	M 404
12	„ unterhalb Darnstedt		495	(151)[1] 31	53	97	18	19		—	—
13	„ oberhalb Sulza		—	—	—	—	—	—		—	—
14	„ unterhalb Sulza		525	(154)[1] 34	43	111	21	20		—	—
15	„ vor der Mündung bei Großheringen		520	(152)[1] 32	46	111	18	20		M 1168	M 431
17	**Saale** unterhalb der Ilmmündung		—	—	—	—	—	—		—	—
20	„ oberhalb Kösen		—	—	—	—	—	—		—	—
21	„ „ der Unstrutmündung		—	—	—	—	—	—		—	—
22	**Lossa** oberhalb Rastenberg		—	—	—	—	—	—		—	—
23	„ bei der Altenburger Mühle		—	—	—	—	—	—		—	—
24	„ unterhalb Rastenberg (Ölmühle)		—	—	—	—	—	—		—	—
25	„ nach Vereinigung mit dem Mühlgraben		—	—	—	—	—	—		—	—
26	**Lossa** unterhalb Hardisleben (Schäferei)		—	—	—	—	—	—		—	—
27	„ bei Mannstedt		—	—	—	—	—	—		—	—
28	„ „ Großneuhausen		—	—	—	—	—	—		—	—
29	„ „ Frohndorf vor Vereinigung mit der Scherkonda		—	—	—	—	—	—		—	—
30	**Scherkonda**		—	—	—	—	—	—		—	—
31	**Lossa** bei Leubingen nach Aufnahme der Scherkonda		—	—	—	—	—	—		—	—
32	**Unstrut** bei Leubingen		—	—	—	—	—	—		—	—
33	**Wipper** bei Sachsenburg (Mündung in die Unstrut)		—	—	—	—	—	—		—	—
34	**Unstrut** vor ihrer Mündung in die Saale		—	—	—	—	—	—		—	—

Ordnungsnummer	Entnahmestelle	Untersuchung vom 18. Dezember 1907							Untersuchung		
		Pegelstand	1 Liter Wasser enthält Milligr.					Gesamt-härtegrade	Pegelstand	1 Liter	
			Rück-stand	×SO$_4$	Cl	○ Ca	□ Mg			Rück-stand	×SO$_4$
1	**Saale** oberhalb der Immündung		—	—	—	—	—	—		—	—
16	„ gegenüber der Ilmmündung		—	—	—	—	—	—		—	—
6—7	**Ilm** bei bezw. unterhalb Mattstedt		M 433	M 169	M 17	M 100	M 17	M 18		M 172	M 52
8	„ „ Nauendorf		—	—	—	—	—	—		—	—
9	„ „ Wickerstedt		—	—	—	—	—	—		—	—

[1] Zahlen wahrscheinlich infolge Druckfehlers in der Tabelle auf S. 9 des Vogelschen Gutachtens

Untersuchung vom 13. November 1907 · vom 15. November 1907 · vom 29. November 1907

Cl	○ Ca	□ Mg	Gesamthärtegrade	Pegelstand	Rückstand	× SO_4	Cl	○ Ca	□ Mg	Gesamthärtegrade	Pegelstand	Rückstand	× SO_4	Cl	○ Ca	□ Mg	Gesamthärtegrade
—	—	—	—	Pegel zu Wendelstein U. P. 1,04 m. · Pegel zu Kösen 0,51 m.	—	—	—	—	—	—	Pegel zu Wendelstein U. P. 1,10 m. · Pegel zu Kösen 0,50 m.	—	—	—	—	—	—
—	—	—	—		890	420	25	222	35	39		—	—	—	—	—	—
M 28	M 222	M 37	M 40		975	412	29	232	35	41		M 1043	M 436	M 78	M 231	M 37	M 41
—	—	—	—		—	—	—	—	—	—		—	—	—	—	—	—
—	—	—	—		—	—	—	—	—	—		—	—	—	—	—	—
—	—	—	—		—	—	—	—	—	—		—	—	—	—	—	—
M 88	M 234	M 39	M 42		—	—	—	—	—	—		M 995	M 395	M 75	M 211	M 36	M 38
—	—	—	—		—	—	—	—	—	—		—	—	—	—	—	—
—	—	—	—		—	—	—	—	—	—		—	—	—	—	—	—
—	—	—	—		—	—	—	—	—	—		—	—	—	—	—	—
—	—	—	—		—	—	—	—	—	—		263	28	10	61	22	14
—	—	—	—		—	—	—	—	—	—		—	—	—	—	—	—
—	—	—	—		—	—	—	—	—	—		1105	137	24	243	57	47
—	—	—	—		—	—	—	—	—	—		—	—	—	—	—	—
—	—	—	—		—	—	—	—	—	—		—	—	—	—	—	—
—	—	—	—		—	—	—	—	—	—		734	223	21	145	30	27
—	—	—	—		—	—	—	—	—	—		—	—	—	—	—	—
—	—	—	—		—	—	—	—	—	—		—	—	—	—	—	—
—	—	—	—		—	—	—	—	—	—		937	362	26	199	48	39
—	—	—	—		—	—	—	—	—	—		1112	133	16	235	60	47
—	—	—	—		—	—	—	—	—	—		—	—	—	—	—	—
—	—	—	—		—	—	—	—	—	—		950	373	21	205	51	40
—	—	—	—		—	—	—	—	—	—		—	—	—	—	—	—
—	—	—	—		—	—	—	—	—	—		—	—	—	—	—	—

vom 9. April 1908 · Untersuchung vom 21. April 1908 · Untersuchung vom 21. Mai 1908

Cl	○ Ca	□ Mg	Gesamthärtegrade	Pegel	Rückstand	× SO_4	Cl	○ Ca	□ Mg	Gesamthärtegrade	Pegelstand	Rückstand	× SO_4	Cl	○ Ca	□ Mg	Gesamthärtegrade
—	—	—	—		—	—	—	—	—	—		—	—	—	—	—	—
—	—	—	—		—	—	—	—	—	—		—	—	—	—	—	—
M 11	M 38	M 6	M 7		—	—	—	—	—	—		410	136	20	91	18	17
—	—	—	—		—	—	—	—	—	—		—	—	—	—	—	—
—	—	—	—		—	—	—	—	—	—		—	—	—	—	—	—

unrichtig. Die mutmaßlich richtigen umgerechneten Zahlen sind in Klammern darüber geschrieben.

Ordnungsnummer	Entnahmestelle	Pegelstand	| Untersuchung vom 18. Dezember 1907 — 1 Liter Wasser enthält Milligr.					Gesamthärtegrade	Pegelstand	| Untersuchung — 1 Liter	
			Rückstand	×SO$_4$	Cl	○Ca	□Mg			Rückstand	×SO$_4$
10	**Ilm** bei Obertrebra		—	—	—	—	—	—		—	—
11	„ „ Eberstedt	Pegel zu Wendelstein U. P. 1,32 m	M 451	M 173	M 21	M 102	M 17	M 18	Pegel zu Wendelstein U. P. 3,08 m	M 191	M 55
12	„ unterhalb Darnstedt		—	—	—	—	—	—		—	—
13	„ oberhalb Sulza		—	—	—	—	—	—		—	—
14	„ unterhalb Sulza		—	—	—	—	—	—		—	—
15	„ vor der Mündung bei Großheringen		544	196	49	109	21	20		M 226	M 59
17	**Saale** unterhalb der Ilmmündung		—	—	—	—	—	—		—	—
20	„ oberhalb Kösen		—	—	—	—	—	—		—	—
21	„ „ der Unstrutmündung		—	—	—	—	—	—		—	—
22	**Lossa** oberhalb Rastenberg		—	—	—	—	—	—		—	—
23	„ bei der Altenburger Mühle		—	—	—	—	—	—		242	41
24	„ unterhalb Rastenberg (Ölmühle)		—	—	—	—	—	—		—	—
25	„ nach Vereinigung mit dem Mühlgraben	Pegel zu Kösen 0,76 m.	—	—	—	—	—	—	Pegel zu Kösen 1,90 m.	490	139
26	„ unterhalb Hardisleben (Schäferei)		—	—	—	—	—	—		560	185
27	„ bei Mannstedt		—	—	—	—	—	—		—	—
28	„ „ Großneuhausen		—	—	—	—	—	—		—	—
29	„ „ Frohndorf von Vereinigung mit der Scherkonda		—	—	—	—	—	—		890	359
30	**Scherkonda**		—	—	—	—	—	—		838	301
31	**Lossa** bei Leubingen nach Aufnahme der Scherkonda		—	—	—	—	—	—		944	386
32	**Unstrut** bei Leubingen		—	—	—	—	—	—		—	—
33	**Wipper** bei Sachsenburg (Mündung in die Unstrut)		—	—	—	—	—	—		—	—
34	**Unstrut** vor ihrer Mündung in die Saale		—	—	—	—	—	—		—	—

Ordnungsnummer	Entnahmestelle	Pegelstand	| Untersuchung vom 21.—23 Juni 1908 — 1 Liter Wasser enthält Milligr.					Gesamthärtegrade	Pegelstand	| Untersuchung — 1 Liter	
			Rückstand	×SO$_4$	Cl	○Ca	□Mg			Rückstand	×SO$_4$
1	**Saale** oberhalb der Ilmmündung		—	—	—	—	—	—		—	—
16	„ gegenüber der Ilmmündung		—	—	—	—	—	—		—	—
6—7	**Ilm** bei bezw. unterhalb Mattstedt		503	160	23	119	22	22		660	236
8	„ „ Nauendorf		—	—	—	—	—	—		—	—
9	„ „ Wickerstedt		—	—	—	—	—	—		—	—
10	„ „ Obertrebra		—	—	—	—	—	—		—	—
11	„ „ Eberstedt		514	160	21	121	27	23		—	—
12	„ unterhalb Darnstedt		—	—	—	—	—	—		—	—
13	„ oberhalb Sulza		—	—	—	—	—	—		—	—
14	„ unterhalb Sulza		—	—	—	—	—	—		—	—
15	„ vor der Mündung bei Großheringen		665	210	55	140	28	26		807	253

Untersuchung vom 9. April 1908 · vom 21. April 1908 · vom 21. Mai 1908

Spaltenbedeutung: ○ = Ca, □ = Mg, × = SO_4.

Cl	Ca (○)	Mg (□)	Gesamthärtegrade	Pegelstand	Rückstand	SO_4 (×)	Cl	Ca (○)	Mg (□)	Gesamthärtegrade	Pegelstand	Rückstand	SO_4 (×)	Cl	Ca (○)	Mg (□)	Gesamthärtegrade
—	—	—	—		—	—	—	—	—	—		—	—	—	—	—	—
M 16	M 42	M 7	M 7		—	—	—	—	—	—		424	126	18	94	19	18
—	—	—	—		—	—	—	—	—	—		—	—	—	—	—	—
—	—	—	—		—	—	—	—	—	—		—	—	—	—	—	—
M 24	M 45	M 6	M 8	Pegel zu Wendelstein U. P. 2,20 m	—	—	—	—	—	—	Pegel zu Wendelstein U. P. 1,66 m	526	160	45	105	21	19
—	—	—	—		—	—	—	—	—	—		—	—	—	—	—	—
—	—	—	—		—	—	—	—	—	—		—	—	—	—	—	—
—	—	—	—		—	—	—	—	—	—		—	—	—	—	—	—
16	54	11	10		—	—	—	—	—	—		228	29	12	52	12	10
—	—	—	—		—	—	—	—	—	—		—	—	—	—	—	—
21	107	27	21		561	184	20	117	34	24		—	—	—	—	—	—
21	123	29	24	Pegel zu Kösen 1,22 m.	—	—	—	—	—	—	Pegel zu Kösen 0,98 m.	706	230	20	129	44	28
—	—	—	—		—	—	—	—	—	—		—	—	—	—	—	—
—	—	—	—		—	—	—	—	—	—		—	—	—	—	—	—
28	182	48	37		—	—	—	—	—	—		1010	394	25	200	55	41
21	176	51	36		—	—	—	—	—	—		888	326	21	177	55	38
25	192	50	38		—	—	—	—	—	—		1014	398	23	209	57	42
—	—	—	—		—	—	—	—	—	—		—	—	—	—	—	—
—	—	—	—		—	—	—	—	—	—		—	—	—	—	—	—
—	—	—	—		—	—	—	—	—	—		—	—	—	—	—	—

vom 3. Juli 1908 · Untersuchung vom 30. September 1908 · Untersuchung vom 12. November 1908

Cl	Ca (○)	Mg (□)	Gesamthärtegrade	Pegelsand	Rückstand	SO_4 (×)	Cl	Ca (○)	Mg (□)	Gesamthärtegrade	Pegestand	Rückstand	SO_4 (×)	Cl	Ca (○)	Mg (□)	Gesamthärtegrade
—	—	—	—		—	—	—	—	—	—		—	—	—	—	—	—
—	—	—	—		—	—	—	—	—	—		—	—	—	—	—	—
25	157	26	28		812	331	34	189	29	33		974	413	29	230	36	40
—	—	—	—		—	—	—	—	—	—		1005	431	37	231	37	41
—	—	—	—		—	—	—	—	—	—		—	—	—	—	—	—
—	—	—	—		825	256	38	188	31	33		—	—	—	—	—	—
—	—	—	—		—	—	—	—	—	—		—	—	—	—	—	—
—	—	—	—		—	—	—	—	—	—		—	—	—	—	—	—
76	163	34	31		1036	325	121	200	45	36		—	—	—	—	—	—

Ordnungsnummer	Entnahmestelle	Untersuchung vom 21. - 23. Juni 1908							Untersuchung		
		Pegelstand	\multicolumn{5}{1 Liter Wasser enthält Milligr.}		Gesamthärtegrade	Pegelstand	1 Liter	
			Rückstand	× SO$_4$	Cl	○ Ca	□ Mg			Rückstand	× SO$_4$
17	**Saale** unterhalb der Ilmmündung	Pegel zu Kösen am 21., 22. und 23. Juni 0,88—0,86—0,82 m. Pegel zu Wendelstein U. P. 1,50—1,60—1,70 m	—	—	—	—	—	—	Pegel zu Kösen 0,84 m. Pegel zu Wendelstein U. P. 1,30 m	—	—
20	„ oberhalb Kösen		—	—	—	—	—	—		—	—
21	„ „ der Unstrutmündung		—	—	—	—	—	—		—	—
22	**Lossa** oberhalb Rastenberg		—	—	—	—	—	—		—	—
23	„ bei der Altenburger Mühle		422	77	44	75	27	16		—	—
24	„ unterhalb Rastenberg (Ölmühle)		—	—	—	—	—	—		—	—
25	„ nach Vereinigung mit dem Mühlgraben		580	155	45	109	33	23		—	—
26	„ unterhalb Hardisleben (Schäferei)		688	230	36	143	34	28		—	—
27	„ bei Mannstedt		—	—	—	—	—	—		—	—
28	„ „ Großneuhausen		—	—	—	—	—	—		—	—
29	„ „ Frohndorf vor Vereinigung mit der Scherkonda		—	—	—	—	—	—		—	—
30	**Scherkonda**		895	326	18	185	56	39		—	—
31	**Lossa** bei Leubingen nach Aufnahme der Scherkonda		962	400	27	207	51	41		—	—
32	**Unstrut** bei Leubingen		—	—	—	—	—	—		—	—
33	**Wipper** bei Sachsenburg (Mündung in die Unstrut)		—	—	—	—	—	—		—	—
34	**Unstrut** vor ihrer Mündung in die Saale		—	—	—	—	—	—		—	—

3. Untersuchungen der Ilm, Lossa, Unstrut, Wipper und Saale aus den

Ordnungsnummer	Entnahmestelle	Untersuchung vom 18. und 19. März 1910										
		Pegelstand	Spezifisches Leitvermögen bei 18° ϰ·10^4	\multicolumn{5}{1 Liter Wasser enthält Milligr.}			Härte in Graden			O-verbr.
				Rückstand	SO$_4$	Cl	Ca	Mg	Karbonat	bleibende	Gesamt	mg
1	**Saale** oberhalb der Ilmmündung	Pegel zu Kösen am 18. u. 19. März 0,86 m u. 0,82 m, Peg. z. Wendelst. U. P. a. 18. u. 19. März 1,62 m u. 1,60 m	2,6	212	53	11	31	7	4,7	1,3	6,0	—
6	**Ilm** bei Mattstedt oberhalb des Endlaugenzuflusses		5,1	414	114	11	91	15	5,2	11,0	16,2	—
7	Ilm bei Mattstedt unterhalb des Endlaugenzuflusses		—	—	—	—	—	—	—	—	—	—
8	Ilm bei Nauendorf		5,3	420	130	11	91	16	4,9	11,6	16,5	—
9	„ „ Wickerstedt		5,7	—	—	—	—	—	—	—	—	—
10	„ „ Obertrebra (Mühlgraben)		5,4	—	—	—	—	—	—	—	—	—
14	„ unterhalb Sulza (a. d. Knochenmühle)		6,7	—	—	—	—	—	—	—	—	—
15	Ilm bei Großheringen vor ihrer Mündung		6,6	550	166	41	103	17	7,5	10,9	18,4	—
17	**Saale** unterhalb der Ilmmündung bei der Eisenbahnbrücke Mitte		—	—	—	—	—	—	—	—	—	—
	desgl. Links		—	—	—	—	—	—	—	—	—	—
	desgl. Rechts		—	—	—	—	—	—	—	—	—	—
18	**Saale** bei Unterneusulza . Mitte		—	—	—	—	—	—	—	—	—	—

vom 3. Juli 1908					Untersuchung vom 30. September 1908							Untersuchung vom 12. November 1908					
Wasser enthält Milligr.			Gesamthärtegrade	Pegelstand	1 Liter Wasser enthält Milligr.					Gesamthärtegrade	Pegelstand	1 Liter Wasser enthält Milligr.					Gesamthärtegrade
Cl	$\bigcirc$ Ca	$\square$ Mg			Rückstand	$\times$ SO$_4$	Cl	$\bigcirc$ Ca	$\square$ Mg			Rückstand	$\times$ SO$_4$	Cl	$\bigcirc$ Ca	$\bigcirc$ Mg	
—	—	—	—	Pegel zu Kösen 0,60 m / Pegel zu Wendelstein Ü. P. 1,08 m	—	—	—	—	—	—	Pegel zu Kösen 0,50 m	—	—	—	—	—	—
—	—	—	—		—	—	—	—	—	—		—	—	—	—	—	—
—	—	—	—		—	—	—	—	—	—		—	—	—	—	—	—
—	—	—	—		—	—	—	—	—	—		—	—	—	—	—	—
—	—	—	—		—	—	—	—	—	—		—	—	—	—	—	—
—	—	—	—		—	—	—	—	—	—		—	—	—	—	—	—
—	—	—	—		—	—	—	—	—	—		—	—	—	—	—	—
—	—	—	—		—	—	—	—	—	—		—	—	—	—	—	—
—	—	—	—		—	—	—	—	—	—		—	—	—	—	—	—
—	—	—	—		—	—	—	—	—	—		—	—	—	—	—	—
—	—	—	—		—	—	—	—	—	—		—	—	—	—	—	—
—	—	—	—		—	—	—	—	—	—		—	—	—	—	—	—
—	—	—	—		—	—	—	—	—	—		—	—	—	—	—	—

Jahren 1910 und 1911.   Ausgeführt vom Kaiserlichen Gesundheitsamte.

Untersuchung vom 18., 19. und 20. Mai 1911

Pegelstand	Spez. Leitvermögen bei 18° ($\varkappa \cdot 10^4$)	1 Liter Wasser enthält Milligr.					Härte in Graden			O-verbr. mg
		Rückstand	SO$_4$	Cl	Ca	Mg	Karbonat	bleibende	Gesamt	
Peg. z. Kös. a. 18., 19 u. 20. Mai 0,94—1,20—1,00 m / Peg. z. Wendelst. U.P. a.18., 19.u.20. Mai 1,02—1,00 m	1,6	149	37	18	23	11	3	3	6	16,6
	8,2	—	—	—	—	—	—	—	—	—
	13,9	1160	243	369	136	68	11	24	35	—
	—	—	—	—	—	—	—	—	—	—
	—	—	—	—	—	—	—	—	—	—
	—	—	—	—	—	—	—	—	—	—
	—	—	—	—	—	—	—	—	—	—
	21,1	1706	306	483	153	103	12	33	45	4,7
	2,0	—	—	—	—	—	—	—	—	—
	7,0	486	93	110	46	23	4,5	7,5	12	—
	1,6	150	39	21	24	12	3	3	6	—
	4,1	190	40	28	25	13	3	3,5	6,5	16,9

Untersuchung vom 10. Oktober 1911

Pegelstand	Spez. Leitvermögen bei 18° ($\varkappa \cdot 10^4$)	1 Liter Wasser enthält Milligr.					Härte in Graden			O-verbr. mg
		Rückstand	SO$_4$	Cl	Ca	Mg	Karbonat	bleibende	Gesamt	
Pegel zu Kösen 0,46 m / Pegel zu Wendelstein Ü. P. 0,70 m	5,44	510	125	36	80	17	—	—	15	—
	—	—	—	—	—	—	—	—	—	—
	—	—	—	—	—	—	—	—	—	—
	—	—	—	—	—	—	—	—	—	—
	—	—	—	—	—	—	—	—	—	—
	—	—	—	—	—	—	—	—	—	—
	—	—	—	—	—	—	—	—	—	—
	14,58	1300	501	190	250	58	16	32	48	—
	—	—	—	—	—	—	—	—	—	—
	—	—	—	—	—	—	—	—	—	—
	—	—	—	—	—	—	—	—	—	—
	6,84	570	165	51	100	22	8	11	19	—

| Ordnungsnummer | Entnahmestelle | Pegelstand | Spezifisches Leitvermögen bei 18° $\varkappa \cdot 10^4$ | Untersuchung vom 18. und 19. März 1910 | | | | | | | | O-verbr. |
| | | | | 1 Liter Wasser enthält Milligr. | | | | | Härte in Graden | | | |
				Rückstand	SO₄	Cl	Ca	Mg	Karbonat	bleibende	Gesamt	mg
18	Saale bei Unterneusulza . Links		—	—	—	—	—	—	—	—	—	—
	desgl. Rechts		—	—	—	—	—	—	—	—	—	—
19	„ oberhalb bezw. unterhalb Saaleck . . . . . . Mitte		3,4	—	—	—	—	—	—	—	—	—
20	Saale oberhalb Kösen . . Mitte		—									
21	„ „ der Unstrutmündung bei Naumburg, Mitte		—									
32	**Unstrut** bei Leubingen oberhalb der Lossamündung		10,3	860	314	58	163	31	6,9	23,0	29,9	—
27	**Lossa** bei Mannstedt		9,6	830	275	19	161	46	14,2	19,0	33,2	—
28	„ „ Großneuhausen . . .		9,7	—	—	—	—	—	—	—	—	—
31	„ „ Leubingen vor ihrer Mündung in die Unstrut . . .		11,3	1029	409	25	194	55	12,1	27,8	39,9	—
33	**Wipper** bei Sachsenburg vor ihrer Mündung in die Unstrut . . .		40,2	4209	429	1298	185	430	10,2	115,0	125,0	—
34	**Unstrut** vor ihrer Mündung in die Saale		—	—	—	—	—	—	—	—	—	—
35	**Saale** etwa 500 m unterhalb der Unstrutmündung. . . Mitte		—	—	—	—	—	—	—	—	—	—
	desgl. Links		—	—	—	—	—	—	—	—	—	—
	desgl. Rechts		—	—	—	—	—	—	—	—	—	—
36	**Saale** etwa 1000 m unterhalb der Unstrutmündung. . . Links		—	—	—	—	—	—	—	—	—	—
	desgl. Rechts		—	—	—	—	—	—	—	—	—	—
37	Saale bei der Hennebrücke Mitte		—	—	—	—	—	—	—	—	—	—
38	„ an der Eisenbahnbrücke (Hallesche Fähre)		—	—	—	—	—	—	—	—	—	—
39	Saale 1 km unterhalb der Eisenbahnbrücke . . . . Mitte		—	—	—	—	—	—	—	—	—	—
40	Saale 2 km unterhalb der Eisenbahnbrücke oberh. der Wethaumündung		—	—	—	—	—	—	—	—	—	—
41	Saale bei Schönburg unterhalb der Wethau		—	—	—	—	—	—	—	—	—	—
42	Saale bei bezw. oberh. Uichteritz		—	—	—	—	—	—	—	—	—	—
43	„ oberhalb Weißenfels (Bauditz-Schleuse)		—	—	—	—	—	—	—	—	—	—
44	Saale oberhalb der Rippachmündung bei Dehlitz		—	—	—	—	—	—	—	—	—	—
45	Saale oberhalb der Saline Dürrenberg (oberhalb des Persebachs)		—	—	—	—	—	—	—	—	—	—
46	Saale bei Rössen oberhalb Merseburg (**am Wasserwerk**)		—	—	—	—	—	—	—	—	—	—

Pegelstand (Spalte): Pegel zu Wendelstein U. P. am 18. und 19. März 1,62 und 1,60 m. — Pegel zu Kösen am 18. und 19. März 0,86 m und 0,82 m.

Untersuchung vom 18., 19. und 20. Mai 1911											Untersuchung vom 10. Oktober 1911										
Pegelstand	Spez. Leitvermögen bei 18° $\varkappa \cdot 10^4$	Rückstand	SO_4	Cl	Ca	Mg	Karbonat-	bleibende	Gesamt-	O-verbr. mg	Pegelstand	Spez. Leitvermögen bei 18° $\varkappa \cdot 10^4$	Rückstand	SO_4	Cl	Ca	Mg	Karbonat-	bleibende	Gesamt-	O-verbr. mg
	4,1	—	—	—	—	—	—	—	—	—		6,85	—	—	—	—	—	—	—	—	—
	—	—	—	—	—	—	—	—	—	—		6,85	—	—	—	—	—	—	—	—	—
	2,7	—	—	—	—	—	—	—	—	—		—	—	—	—	—	—	—	—	—	—
	2,8	219	44	43	28	14	3	4	7	16,7		—	—	—	—	—	—	—	—	—	—
Pegel zu Wendelstein U. P. am 18., 19. u. 20. Mai 1,02—1,00 m.	3,1	249	58	46	30	14	3	4,5	7,5	—	Pegel zu Wendelstein U. P. 0,70 m.	7,86	720	—	84	110	26	—	—	21	—
	—	—	—	—	—	—	—	—	—	—		—	—	—	—	—	—	—	—	—	—
	—	—	—	—	—	—	—	—	—	—		—	—	—	—	—	—	—	—	—	—
	—	—	—	—	—	—	—	—	—	—		—	—	—	—	—	—	—	—	—	—
	—	—	—	—	—	—	—	—	—	—		—	—	—	—	—	—	—	—	—	—
	20,2	1814	429	447	190	87	10	37	47	4,9		30,41	2400	525	700	234	134	14	50	64	—
	—	—	—	—	—	—	—	—	—	—		19,78	1600	368	400	176	84	11	33	44	—
	8,2	—	—	—	—	—	—	—	—	—		20,01	—	—	—	—	—	—	—	—	—
	3,6	—	—	—	—	—	—	—	—	—		19,95	—	—	—	—	—	—	—	—	—
	7,7	—	—	—	—	—	—	—	—	—		—	—	—	—	—	—	—	—	—	—
	6,7	—	—	—	—	—	—	—	—	—		—	—	—	—	—	—	—	—	—	—
	7,3	592	129	128	63	31	5	11	16	—		—	—	—	—	—	—	—	—	—	—
	7,2	543	125	117	57	30	5	10	15	16,8		—	—	—	—	—	—	—	—	—	—
	—	—	—	—	—	—	—	—	—	—	Pegel zu Kösen 0,46 m.	20,45	—	—	—	—	—	—	—	—	—
	—	—	—	—	—	—	—	—	—	—		19,74	1820	383	432	177	89	11	33	44	—
Pegel zu Kösen am 18., 19. und 20. Mai 0,94—1,20—1,00 m.	6,6	—	—	—	—	—	—	—	—	—		20,29	—	—	—	—	—	—	—	—	—
	6,7	509	124	103	57	26	5	9	14	—		20,55	—	—	—	—	—	—	—	—	—
	—	—	—	—	—	—	—	—	—	—		18,88	1640	354	392	173	84	—	—	43,5	—
	6,7	—	—	—	—	—	—	—	—	—		—	—	—	—	—	—	—	—	—	—
	6,7	—	—	—	—	—	—	—	—	—		—	—	—	—	—	—	—	—	—	—
	7,6	581	132	135	59	31	5	10,5	15,5	16,5		—	—	—	—	—	—	—	—	—	—

Chemische Zusammensetzung des **Ilmwassers**

Stand des Saale-Pegels bei Kösen m	Zeit der Unter-suchung	Akten-Notizen über den Wasserstand	Ilm bei Hetschburg						Ilm bei Mellingen					
			1 l Wasser enthält mg					Gesamt-härte ^{0}	1 l Wasser enthält mg					Gesamt-härte ^{0}
			Rst.	Cl	SO$_4$	Ca	Mg		Rst.	Cl	SO$_4$	Ca	Mg	
0,50	12. 11. 08	—	—	—	—	—	—	—	—	—	—	—	—	—
0,50	29. 11. 07	—	—	—	—	—	—	—	—	—	—	—	—	—
0,51	13. 11. 07	—	—	—	—	—	—	—	—	—	—	—	—	—
0,51	15. 11. 07	sehr niedriger Wasserstand	—	—	—	—	—	—	—	—	—	—	—	—
0,60	30. 9. 08	„	—	—	—	—	—	—	—	—	—	—	—	—
0,64	15. 7. 97	—	320	14	—	97	16	17	371	16	—	80	19	16
0,76	18. 12. 07	—	—	—	—	—	—	—	—	—	—	—	—	—
0,86 bis 0,82	22./23. 6. 08	—	—	—	—	—	—	—	—	—	—	—	—	—
0,84	3. 7. 08	niedriger Wasserstand	—	—	—	—	—	—	—	—	—	—	—	—
0,86	18. 3. 10	—	—	—	—	—	—	—	—	—	—	—	—	—
0,98	21. 5. 08	—	—	—	—	—	—	—	—	—	—	—	—	—
1,08	15. 10. 97	—	—	—	—	—	—	—	—	—	—	—	—	—
1,23	23. 1. 07	mittlerer Wasserstand	—	—	—	—	—	—	—	—	—	—	—	—
1,90	9. 4. 08	hohes Mittelwasser	—	—	—	—	—	—	—	—	—	—	—	—

Untersuchungen des Ilmwassers nach Betriebs-

Stand des Saale-Pegels bei Kösen m	Zeit der Unter-suchung	Akten-Notizen über den Wasserstand	Ilm bei Hetschburg						Ilm bei Mellingen					
0,46	10. 10. 11	—	—	—	—	—	—	—	—	—	—	—	—	—
0,94 bis	18. 5. 11	—	—	—	—	—	—	—	—	—	—	—	—	—
1,20	19. 5. 11	—	—	—	—	—	—	—	—	—	—	—	—	—

Stand des Saale-Pegels bei Kösen m	Zeit der Unter-suchung	Akten-Notizen über den Wasserstand	Ilm bei Nauendorf-Wickerstedt						Ilm bei Eberstedt-Darnstedt					
			1 l Wasser enthält mg					Gesamt-härte ^{0}	1 l Wasser enthält mg					Gesamt-härte ^{0}
			Rst.	Cl	SO$_4$	Ca	Mg		Rst.	Cl	SO$_4$	Ca	Mg	
0,50	12. 11. 08	—	1005	37	431	231	37	41	—	—	—	—	—	—
0,50	29. 11. 07	—	—	—	—	—	—	—	1043	78	436	231	37	41
0,51	13. 11. 07	—	—	—	—	—	—	—	1012	28	404	222	37	40
0,51	15. 11. 07	sehr niedriger Wasserstand	890	25	420	222	35	39	975	29	412	232	35	41
0,60	30. 9. 08	„	—	—	—	—	—	—	825	38	256	188	31	33
0,64	15. 7. 97	—	—	—	—	—	—	—	—	—	—	—	—	—
0,76	18. 12. 07	—	—	—	—	—	—	—	451	21	173	102	17	18
0,86 bis 0,82	22./23. 6. 08	—	—	—	—	—	—	—	514	21	160	121	27	23
0,84	3. 7. 08	niedriger Wasserstand	—	—	—	—	—	—	—	—	—	—	—	—
0,86	18. 3. 10	—	420	11	130	91	16	16,5	—	—	—	—	—	—
0,98	21. 5. 08	—	—	—	—	—	—	—	424	18	126	94	19	18
1,08	15. 10. 97	—	—	—	—	—	—	—	—	—	—	—	—	—
1,23	23. 1. 07	mittlerer Wasserstand	—	—	—	—	—	—	495	53	[151] 31	97	18	19
1,90	9. 4. 08	hohes Mittelwasser	—	—	—	—	—	—	191	16	55	42	7	7

Untersuchungen des Ilmwassers nach Betriebs-

Stand des Saale-Pegels bei Kösen m	Zeit der Unter-suchung	Akten-Notizen über den Wasserstand	Ilm bei Nauendorf-Wickerstedt						Ilm bei Eberstedt-Darnstedt					
0,46	10. 10. 11	—	—	*—	—	—	—	—	—	—	—	—	—	—
0,94 bis	18. 5. 11	—	—	—	—	—	—	—	—	—	—	—	—	—
1,20	19. 5. 11	—	—	—	—	—	—	—	—	—	—	—	—	—

* Untersuchung wurde bei der Durchschnittsberechnung nicht berücksichtigt.

bei verschiedenen Wasserständen.

Ilm bei Weimar						Ilm unterhalb Weimar						Ilm bei Mattstedt					
1 l Wasser enthält mg					Gesamt-härte °	1 l Wasser enthält mg					Gesamt-härte °	1 l Wasser enthält mg					Gesamt-härte °
Rst.	Cl	SO_4	Ca	Mg		Rst.	Cl	SO_4	Ca	Mg		Rst.	Cl	SO_4	Ca	Mg	
—	—	—	—	—	—	—	—	—	—	—	—	*974	29	413	230	36	40
—	—	—	—	—	—	—	—	—	—	—	—	943	60	385	212	34	38
—	—	—	—	—	—	—	—	—	—	—	—	991	24	445	231	35	40
—	—	—	—	—	—	—	—	—	—	—	—	—	—	—	—	—	—
—	—	—	—	—	—	—	—	—	—	—	—	812	34	331	189	29	33
711	14	—	157	26	28	644	15	—	188	—	—	—	—	—	—	—	—
—	—	—	—	—	—	—	—	—	—	—	—	433	17	169	100	17	18
—	—	—	—	—	—	—	—	—	—	—	—	503	23	160	119	22	22
—	—	—	—	—	—	—	—	—	—	—	—	660	25	236	157	26	28
—	—	—	—	—	—	—	—	—	—	—	—	414	11	114	91	15	16
—	—	—	—	—	—	—	—	—	—	—	—	410	20	136	91	18	17
—	—	—	—	—	—	—	—	—	—	—	—	—	—	—	—	—	—
—	—	—	—	—	—	—	—	—	—	—	—	380	29	[151][1] 31	93	17	17
—	—	—	—	—	—	—	—	—	—	—	—	172	11	52	38	6	7

eröffnung der Chlorkaliumfabrik Rastenberg.

Ilm bei Weimar						Ilm unterhalb Weimar						Ilm bei Mattstedt					
Rst.	Cl	SO_4	Ca	Mg	°	Rst.	Cl	SO_4	Ca	Mg	°	Rst.	Cl	SO_4	Ca	Mg	°
—	—	—	—	—	—	—	—	—	—	—	—	—	—	—	—	—	—
—	—	—	—	—	—	—	—	—	—	—	—	1160	369	243	136	68	35

Ilm oberhalb Sulza						Ilm unterhalb Sulza						Ilm bei Großheringen					
1 l Wasser enthält mg					Gesamt-härte °	1 l Wasser enthält mg					Gesamt-härte °	1 l Wasser enthält mg					Gesamt-härte °
Rst.	Cl	SO_4	Ca	Mg		Rst.	Cl	SO_4	Ca	Mg		Rst.	Cl	SO_4	Ca	Mg	
—	—	—	—	—	—	—	—	—	—	—	—	—	—	—	—	—	—
—	—	—	—	—	—	—	—	—	—	—	—	995	75	395	211	36	38
—	—	—	—	—	—	—	—	—	—	—	—	1168	88	431	234	39	42
—	—	—	—	—	—	—	—	—	—	—	—	—	—	—	—	—	—
—	—	—	—	—	—	—	—	—	—	—	—	1036	121	325	200	45	36
—	—	—	—	—	—	—	—	—	—	—	—	—	—	—	—	—	—
—	—	—	—	—	—	—	—	—	—	—	—	544	49	196	109	21	20
—	—	—	—	—	—	—	—	—	—	—	—	665	55	210	140	28	26
—	—	—	—	—	—	—	—	—	—	—	—	807	76	253	163	34	31
—	—	—	—	—	—	—	—	—	—	—	—	550	41	166	103	17	18
—	—	—	—	—	—	—	—	—	—	—	—	526	45	160	105	21	19
488	35	—	95	24	19	480	42	—	106	27	21	530	43	—	126	28	24
—	—	—	—	—	—	525	43	[154] 34	111	21	20	520	46	[152] 32	111	18	20
—	—	—	—	—	—	—	—	—	—	—	—	226	24	59	45	6	8

eröffnung der Chlorkaliumfabrik Rastenberg.

Ilm oberhalb Sulza						Ilm unterhalb Sulza						Ilm bei Großheringen					
Rst.	Cl	SO_4	Ca	Mg	°	Rst.	Cl	SO_4	Ca	Mg	°	Rst.	Cl	SO_4	Ca	Mg	°
—	—	—	—	—	—	—	—	—	—	—	—	1300	190	501	250	58	48
—	—	—	—	—	—	—	—	—	—	—	—	1706	483	306	153	103	45

[1] Vgl. Fußnote auf S. 544.

Chemische Zusammensetzung des **Lossa- (Wipper- und**

Stand des Unstrutpegels bei Wendelstein U. P. m	Zeit der Untersuchung	Lossa an der Altenburger bezw. Öhlmühle						Lossa nach der Vereinigung mit dem Mühlgraben					
		Rst.	Cl	SO_4	Ca	Mg	Gesamthärtegrade	Rst.	Cl	SO_4	Ca	Mg	Gesamthärtegrade
0,60	10. 10. 11	—	—	—	—	—	—	—	—	—	—	—	—
1,00	19. 5. 11	—	—	—	—	—	—	—	—	—	—	—	—
1,10	29. 11. 07	1105	24	137	243	57	47	—	—	—	—	—	—
1,20	15. 9. 03	—	—	—	—	—	—	—	—	—	—	—	—
1,50	21. 6. 08	—	—	—	—	—	—	—	—	—	—	—	—
1,60	19. 3. 10	—	—	—	—	—	—	—	—	—	—	—	—
1,62	18. 3. 10	—	—	—	—	—	—	—	—	—	—	—	—
1,66	21. 5. 08	228	12	29	52	12	10	—	—	—	—	—	—
1,70	23. 6. 08	422	44	77	75	27	16	580	45	155	109	33	23
2,20	21. 4. 08	—	—	—	—	—	—	561	20	184	117	34	24
3,08	9. 4. 08	242	16	41	54	11	10	490	21	139	107	27	21

Stand des Unstrutpegels bei Wendelstein U. P. m	Zeit der Untersuchung	Lossa nach der Vereinigung mit der Scherkonda bei Leubingen						Unstrut oberhalb der Lossa bei Leubingen					
		Rst.	Cl	SO_4	Ca	Mg	Gesamthärtegrade	Rst.	Cl	SO_4	Ca	Mg	Gesamthärtegrade
0,60	10. 10. 11	—	—	—	—	—	—	—	—	—	—	—	—
1,00	19. 5. 11	—	—	—	—	—	—	—	—	—	—	—	—
1,10	29. 11. 07	950	21	373	205	51	40	—	—	—	—	—	—
1,20	15. 9. 03	—	—	—	—	—	—	—	—	—	—	—	—
1,50	21. 6. 08	962	27	400	207	51	41	—	—	—	—	—	—
1,60	19. 3. 10	1029	25	409	194	55	40	860	58	314	163	31	30
1,62	18. 3. 10	—	—	—	—	—	—	—	—	—	—	—	—
1,66	21. 5. 08	1014	23	398	209	57	42	—	—	—	—	—	—
1,70	23. 6. 08	—	—	—	—	—	—	—	—	—	—	—	—
2,20	21. 4. 08	—	—	—	—	—	—	—	—	—	—	—	—
3,08	9. 4. 08	944	25	386	192	50	38	—	—	—	—	—	—

Unstrut-) wassers bei verschiedenen Wasserständen.

Lossa unterhalb Hardisleben und bei Mannstedt						Lossa bei Frohndorf						Scherkonda					
1 Liter Wasser enthält Milligramm					Gesamthärtegrade	1 Liter Wasser enthält Milligramm					Gesamthärtegrade	1 Liter Wasser enthält Milligramm					Gesamthärtegrade
Rst.	Cl	SO$_4$	Ca	Mg		Rst.	Cl	SO$_4$	Ca	Mg		Rst.	Cl	SO$_4$	Ca	Mg	
—	—	—	—	—	—	—	—	—	—	—	—	—	—	—	—	—	—
—	—	—	—	—	—	—	—	—	—	—	—	—	—	—	—	—	—
734	21	223	145	30	27	937	26	362	199	48	39	1112	16	133	235	60	47
—	—	—	—	—	—	—	—	—	—	—	—	—	—	—	—	—	—
—	—	—	—	—	—	—	—	—	—	—	—	—	—	—	—	—	—
—	—	—	—	—	—	—	—	—	—	—	—	—	—	—	—	—	—
830	19	275	161	46	33	—	—	—	—	—	—	—	—	—	—	—	—
706	20	230	129	44	28	1010	25	394	200	55	41	888	21	326	177	55	38
688	36	230	143	34	28	—	—	—	—	—	—	895	18	326	185	56	39
—	—	—	—	—	—	—	—	—	—	—	—	—	—	—	—	—	—
560	21	185	123	29	24	890	28	359	182	48	37	838	21	301	176	51	36

Wipper vor ihrer Mündung in die Unstrut						Unstrut vor ihrer Mündung in die Saale					
1 Liter Wasser enthält Milligramm					Gesamthärtegrade	1 Liter Wasser enthält Milligramm					Gesamthärtegrade
Rst.	Cl	SO$_4$	Ca	Mg		Rst.	Cl	SO$_4$	Ca	Mg	
—	—	—	—	—	—	2400	700	525	234	134	64
—	—	—	—	—	—	1814	447	429	190	87	47
—	—	—	—	—	—	—	—	—	—	—	—
—	—	—	—	—	—	1300	252	—	218	35	39
—	—	—	—	—	—	—	—	—	—	—	...
4209	1298	429	185	430	125	—	...	...	—	—	—
—	—	—	—	—	—	—	—	—	—	—	—
—	—	—	—	—	—	—	—	—	—	—	—
—	—	—	—	—	—	—	—	...	—	...	—
—	—	—	—	—	—	—	—	—	—	—	—
—	—	—	—	—	—	—	—	—	—	—	...

Chemische Zusammensetzung des **Saale- und des Elbwassers** (von

Stand des Saalepegels bei Kösen m	Zeit der Untersuchung	1 Liter Wasser enthält Milligramm					Gesamthärtegrade	1 Liter Wasser Milli-		
		Rückstand	Cl	SO$_4$	Ca	Mg		Rückstand	Cl	SO$_4$
Saale oberhalb der Ilm								**Saale gegen-Ilm-**		
0,46	10. Oktober 1911	510	36	125	80	17	15	—	—	—
0,52 - 0,50	22.—25. Juli 1905	—	—	—	—	—	—	—	—	—
0,64—0,60	29. Mai bis 3. Juni 1893	—	—	—	—	—	—	—	—	—
0,79—0,81	15.—17. Septbr. 1903	—	—	—	—	—	—	—	—	—
0,79—0,90	15.—17. Mai 1903	—	—	—	—	—	—	—	—	—
0,86—0,82	18.—19. März 1910	212	11	53	31	7	6	—	—	—
0,94—1,20—1,00	18.—20. Mai 1911	149	18	37	23	11	6	—	—	—
1,23	23. Januar 1907	—	—	—	—	—	—	195	14	133
1,20—1,54	23.—26. Novbr. 1903	—	—	—	—	—	—	—	—	—
								Saale oberhalb		
0,46	10. Oktober 1911							—	—	—
0,52—0,50	22.—25. Juli 1905							—	—	—
0,64—0,60	29. Mai bis 3. Juni 1893							—	—	—
0,79—0,81	15.—17. Septbr. 1903							—	—	—
0,79—0,90	15.—17. Mai 1903							—	—	—
0,86—0,82	18.—19. März 1910							—	—	—
0,94—1,20—1,00	18.—20. Mai 1911							219	43	44
1,23	23. Januar 1907							—	—	—
1,20—1,54	23.—26. Novbr. 1903							—	—	—
Saale bei der Hennebrücke								**Saale a. d. Eisen- (Hallesche**		
0,46	10. Oktober 1911	—	—	—	—	—	—	—	—	—
0,52—0,50	22.—25. Juli 1905	—	—	—	—	—	—	—	—	—
0,64—0,60	29. Mai bis 3. Juni 1893	—	—	—	—	—	—	—	—	—
0,79—0,81	15.—17. Septbr. 1903	—	—	—	—	—	—	—	—	—
0,79—0,90	15.—17. Mai 1903	—	—	—	—	—	—	—	—	—
0,86—0,82	18.—19. März 1910	—	—	—	—	—	—	—	—	—
0,94—1,20—1,00	18.—20. Mai 1911	592	128	129	63	31	16	543	117	125
1,23	23. Januar 1907	—	—	—	—	—	—	—	—	—
1,20—1,54	23.—26. Novbr. 1903	—	—	—	—	—	—	—	—	—
Saale oberhalb Weißenfels								**Saale oberhalb mün-**		
0,46	10. Oktober 1911	1640	392	354	173	84	44	—	—	—
0,52—0,50	22.—25. Juli 1905	—	—	—	—	—	—	—	—	—
0,64—0,60	29. Mai bis 3. Juni 1893	—	—	—	—	—	—	—	—	—
0,79—0,81	15.—17 Septbr. 1903	973	178	—	164	27	29	—	—	—
0,79—0,90	15.—17. Mai 1903	—	—	—	—	—	—	588	151	—
0,86—0,82	18.—19. März 1910	—	—	—	—	—	—	—	—	—
0,94—1,20—1,00	18.—20. Mai 1911	—	—	—	—	—	—	—	—	—
1,23	23. Januar 1907	—	—	—	—	—	—	—	—	—
1,20—1,54	23.—26. Novbr. 1903	570	84	—	99	18	18	—	—	—

Anlage IV.

oberhalb der Ilmmündung an) bei verschiedenen Wasserständen.

| enthält gramm | | | 1 Liter Wasser enthält Milligramm | | | | | | 1 Liter Wasser enthält Milligramm | | | | | |
Ca	Mg	Gesamthärtegrade	Rückstand	Cl	SO_4	Ca	Mg	Gesamthärtegrade	Rückstand	Cl	SO_4	Ca	Mg	Gesamthärtegrade
über der mündung			**Saale kurz unterhalb der Ilm**						**Saale bei Unterneusulza**					
—	—	—	—	—	—	—	—	—	570	51	165	100	22	19
—	—	—	—	—	—	—	—	—	—	—	—	—	—	—
—	—	—	—	—	—	—	—	—	—	—	—	—	—	—
—	—	—	—	—	—	—	—	—	—	—	—	—	—	—
—	—	—	—	—	—	—	—	—	—	—	—	—	—	—
—	—	—	l. 486	110	93	46	23	12	190	28	40	25	13	7
36	5	6	r. 150	21	39	24	12	6	—	—	—	—	—	—
—	—	—	—	—	—	—	—	—	—	—	—	—	—	—
Kösen			**Saale bei Naumburg oberhalb der Unstrut**						**Saale 500 m unterhalb der Unstrut (Mitte)**					
—	—	—	720	84	—	110	26	21	1600	400	368	176	84	44
—	—	—	—	—	—	—	—	—	—	—	—	—	—	—
—	—	—	—	—	—	—	—	—	—	—	—	—	—	—
—	—	—	505	50	—	100	19	19	—	—	—	—	—	—
—	—	—	—	—	—	—	—	—	—	—	—	—	—	—
—	—	—	—	—	—	—	—	—	—	—	—	—	—	—
28	14	7	249	46	58	30	14	8	—	—	—	—	—	—
—	—	—	—	—	—	—	—	—	—	—	—	—	—	—
—	—	—	220	28	—	45	10	9	—	—	—	—	—	—
bahnbrücke Fähre)			**Saale oberhalb der Wethau**						**Saale bei Uichteritz**					
—	—	—	1820	432	383	177	89	44	—	—	—	—	—	—
—	—	—	—	—	—	—	—	—	—	—	—	—	—	—
—	—	—	—	—	—	—	—	—	—	—	—	—	—	—
—	—	—	—	—	—	—	—	—	—	—	—	—	—	—
—	—	—	—	—	—	—	—	—	—	—	—	—	—	—
—	—	—	—	—	—	—	—	—	—	—	—	—	—	—
57	30	15	—	—	—	—	—	—	509	103	124	57	26	14
—	—	—	—	—	—	—	—	—	—	—	—	—	—	—
—	—	—	—	—	—	—	—	—	—	—	—	—	—	—
der Rippach- dung			**Saale oberhalb Dürrenberg**						**Saale bei Merseburg**					
—	—	—	—	—	—	—	—	—	—	—	—	—	—	—
—	—	—	—	—	—	—	—	—	—	—	—	—	—	—
—	—	—	—	—	—	—	—	—	—	—	—	—	—	—
—	—	—	—	—	—	—	—	—	—	231	—	—	—	—
112	21	20	608	160	—	116	20	21	628	142	—	116	37	25
—	—	—	—	—	—	—	—	—	—	—	—	—	—	—
—	—	—	—	—	—	—	—	—	581	135	132	59	31	16
—	—	—	—	—	—	—	—	—	—	—	—	—	—	—
—	—	—	560	98	—	100	18	18	550	98	—	93	17	17

Stand des Saalepegels bei Kösen m	Zeit der Untersuchung	1 Liter Wasser enthält Milligramm					Gesamthärtegrade	1 Liter Wasser Milli-		
		Rückstand	Cl	SO$_4$	Ca	Mg		Rückstand	Cl	SO$_4$
		Saale oberhalb der Elstermündung						**Saale ober-**		
0,46	10. Oktober 1911	—	—	—	—	—	—	—	—	—
0,52—0,50	22.—25. Juli 1905	—	—	—	—	—	—	789	121	—
0,64—0,60	29. Mai bis 3. Juni 1893	863	136	230	116	23	22	754	148	222
0,79—0,81	15.—17. Septbr. 1903	—	249	—	—	—	—	—	—	—
0,79—0,90	15.—17. Mai 1903	600	124	—	106	19	19	546	142	—
0,86—0,82	18.—19. März 1910	—	—	—	—	—	—	—	—	—
0,94—1,20—1,00	18.—20. Mai 1911	—	—	—	—	—	—	—	—	—
1,23	23. Januar 1907	—	—	—	—	—	—	—	—	—
1,20—1,54	23.—26. Novbr. 1903	—	—	—	—	—	—	—	—	—
		Saale unterhalb Bernburg						**Saale ober-**		
0,46	10. Oktober 1911	—	—	—	—	—	—	—	—	—
0,52—0,50	22.—25. Juli 1905	—	—	—	—	—	—	—	—	—
0,64—0,60	29. Mai bis 3. Juni 1893	—	—	—	—	—	—	4823	2393	364
0,79—0,81	15.—17. Septbr. 1903	—	—	—	—	—	—	—	1456	—
0,79—0,90	15.—17. Mai 1903	1213	497	—	106	20	19	1435	675	—
0,86—0,82	18.—19. März 1910	—	—	—	—	—	—	—	—	—
0,94—1,20—1,00	18.—20. Mai 1911	—	—	—	—	—	—	—	—	—
1,23	23. Januar 1907	—	—	—	—	—	—	—	—	—
1,20—1,54	23.—26. Novbr. 1903	635	231	—	68	15	13	690	249	—
		Elbe oberhalb bezw. unterhalb Schönebeck links						**Desgl.**		
0,46	10. Oktober 1911	—	—	—	—	—	—	—	—	—
0,52—0,50	22.—25. Juli 1905	972	333	—	89	28	19	—	—	—
0,64—0,60	29. Mai bis 3. Juni 1893	919	411	105	37	13	8	—	—	—
0,79—0,81	15.—17. Septbr. 1903	—	905	—	—	—	—	—	284	—
0,79—0,90	15.—17. Mai 1903	—	—	—	—	—	—	—	—	—
0,86—0,82	18.—19. März 1910	—	—	—	—	—	—	—	—	—
0,94—1,20—1,00	18.—20. Mai 1911	—	—	—	—	—	—	—	—	—
1,23	23. Januar 1907	—	—	—	—	—	—	—	—	—
1,20—1,54	23.—26. Novbr. 1903	498	178	—	46	14	10	195	36	—

enthält gramm		Gesamthärtegrade	1 Liter Wasser enthält Milligramm					Gesamthärtegrade	1 Liter Wasser enthält Milligramm					Gesamthärtegrade
Ca	Mg		Rückstand	Cl	SO$_4$	Ca	Mg		Rückstand	Cl	SO$_4$	Ca	Mg	
halb Halle			Saale oberhalb Wettin oder bei Dobis						Saale oberhalb bezw. bei Bernburg					
—	—	—	—	—	—	—	—	—	—	—	—	—	—	—
122	23	22	856	158	—	112	31	23	2170	882	—	123	37	26
105	27	21	765	145	224	100	18	18	5342	2706	376	181	34	33
—	—	—	—	266	—	—	—	—	—	1456	—	—	—	—
102	18	18	566	142	—	103	19	19	1470	675	—	106	22	20
—	—	—	—	—	—	—	—	—	—	—	—	—	—	—
—	—	—	—	—	—	—	—	—	—	—	—	—	—	—
—	—	—	—	—	—	—	—	—	—	—	—	—	—	—
—	—	—	525	84	—	88	19	17	638	249	—	70	14	13
halb Nienburg			Saale oberhalb bezw. bei Kalbe						Elbe oberhalb der Saalemündung					
—	—	—	—	—	—	—	—	—	—	—	—	—	—	—
—	—	—	2458	938	—	169	46	34	166	15	—	32	6	6
181	33	33	—	—	—	—	—	—	165	9	25	19	5	4
—	—	—	—	1065	—	—	—	—	—	23	—	—	—	—
111	22	21	—	—	—	—	—	—	—	—	—	—	—	—
—	—	—	—	—	—	—	—	—	—	—	—	—	—	—
—	—	—	—	—	—	—	—	—	—	—	—	—	—	—
77	14	14	—	—	—	—	—	—	135	14	—	18	5	4
rechts			Elbe am Magdeburger Wasserwerk, linke Stromseite						Desgl., rechte Stromseite					
—	—	—	—	—	—	—	—	—	—	—	—	—	—	—
—	—	—	—	—	—	—	—	—	—	—	—	—	—	—
—	—	—	—	—	—	—	—	—	—	—	—	—	—	—
—	—	—	—	843	—	—	—	—	—	337	—	—	—	—
—	—	—	560	192	—	43	16	10	328	96	—	39	10	8
—	—	—	—	—	—	—	—	—	—	—	—	—	—	—
—	—	—	—	—	—	—	—	—	—	—	—	—	—	—
—	—	—	—	—	—	—	—	—	—	—	—	—	—	—
27	7	5	468	170	—	45	15	10	295	92	—	36	9	7

Abb. 1.
Abflußmengen der Ilm bei Mattstedt.

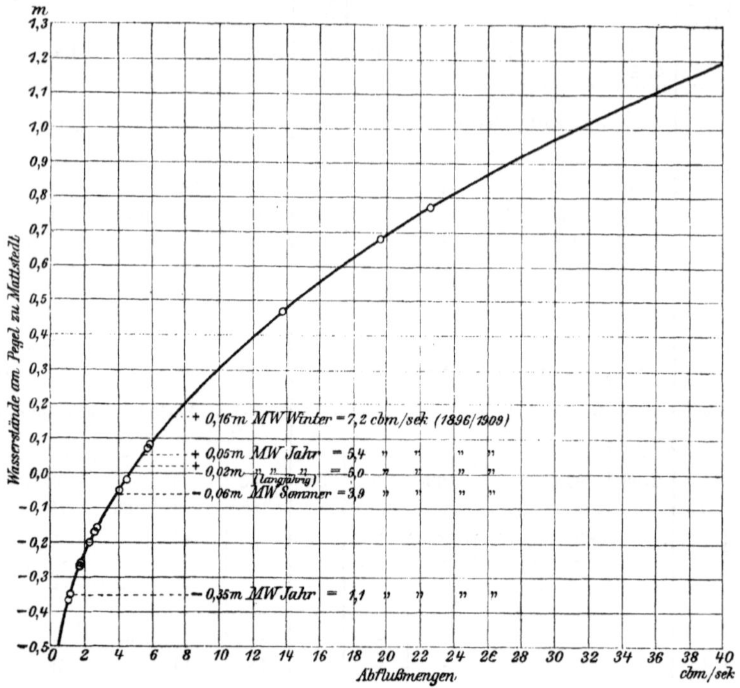

Abb. 2.
Abflußmengendauerlinie der Ilm nach dem Pegel bei Mattstedt für 1896/1909.

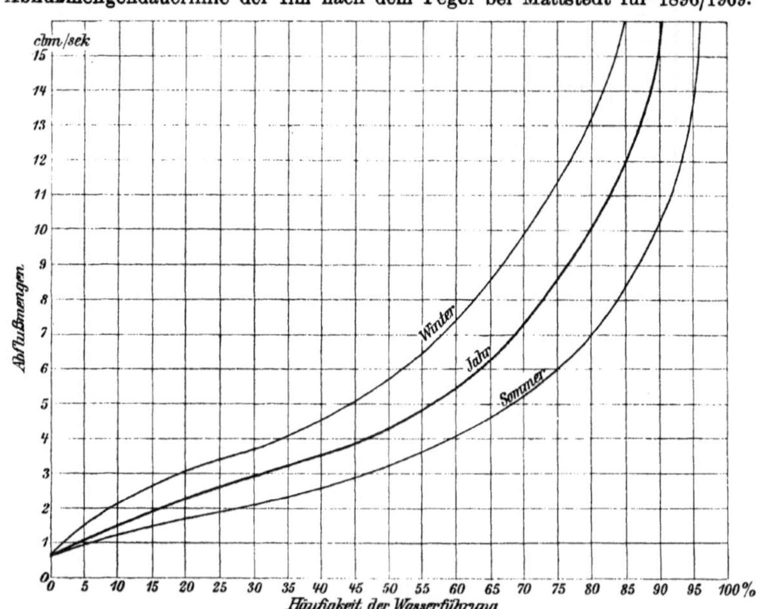

Abb. 3.

Abflußmengenlinien für 1896/1909, bezogen auf den Pegel bei Kösen.

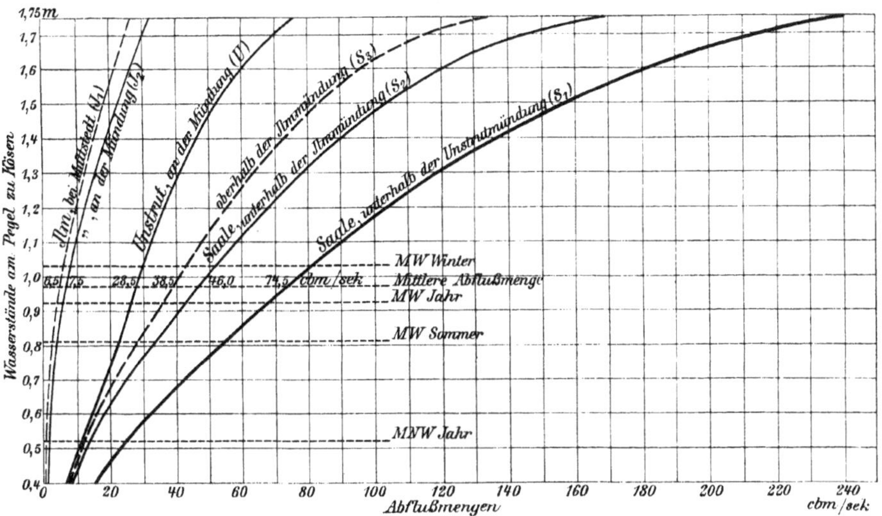

Abb. 4.

Abflußmengendauerlinien für 1896/1909, bezogen auf den Pegel bei Kösen.

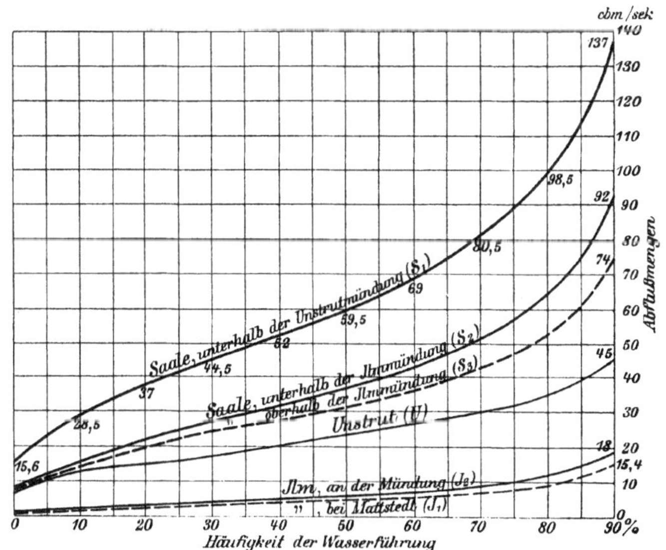

Geographische Übersichtskarte
zum Gutachten des Reichs-Gesundheits-
rats über den Einfluß der Ableitung von
Abwässern aus der Chlorkalium- und Sulfat-
fabrik der Gewerkschaft Rastenberg auf
die Ilm, Lossa und Saale.
Magdeburg
Schönebeck
Barby
A.
Elbe
Saale
Bode
Nienburg
Bernburg
Anhalt
Aschersleben
Wipper
Bode
Schlenze
(Schlüsselstollen)
Preussen
Saale
Salza
Halle
S.-W.
Elster
Luppe
Merseburg
Wipper
Unstrut
Wendel-
stein
Dürrenberg
Persebach
Sachsenburg
Unstrut
Saale
Leubingen
Kölleda
Rastenberg
Weißenfels
Frohndorf
Lossa
Eckartsberga
Unstrut
Manstedt
Embhauseanlei-
tung
Sachsen-Weimar
Mattstedt
S.-Mein.
Wethau
Ilm
Apolda
Saale
Weimar